普通高等学校"十四五"规划城乡规划专业精品教材

居住区规划设计（第二版）

主 编 赵景伟 代 朋 张 婧 陈 敏

华中科技大学出版社
中国·武汉

内 容 简 介

本书是根据最新版《城市居住区规划设计标准》(GB 50180—2018)的要求编写完成的,书中扼要地介绍了居住区的类型、发展历程以及设计要求,并分章描述了居住区的规划结构、形态与用地规划,居住区配套设施及其用地规划,居住区道路系统及停车设施规划设计,居住区环境及绿化规划设计,居住区竖向设计,居住区地下空间规划和老龄化社区及居住区养老规划。

本书内容全面、观点新颖,通俗易懂,实用性、可读性强,可作为普通高等院校土木工程、建筑学、城乡规划等专业的教材,也可供从事居住区规划设计和管理的建筑师、规划师以及管理人员参考。

图书在版编目(CIP)数据

居住区规划设计 / 赵景伟等主编. —2 版. —武汉:华中科技大学出版社,2023.8 (2024.8 重印)
ISBN 978-7-5680-9847-2

Ⅰ.①居… Ⅱ.①赵… Ⅲ.①居住区-城市规划-设计 Ⅳ.①TU984.12

中国国家版本馆 CIP 数据核字(2023)第 148759 号

居住区规划设计(第二版)　　　　　　　　赵景伟 代 朋 张 婧 陈 敏 主编
Juzhuqu Guihua Sheji(Di-er Ban)

策划编辑:简晓思
责任编辑:陈　忠
封面设计:王亚平
责任监印:朱　玢
出版发行:华中科技大学出版社(中国·武汉)　　　电话:(027)81321913
　　　　　武汉市东湖新技术开发区华工科技园　　　邮编:430223
录　　排:华中科技大学惠友文印中心
印　　刷:武汉科源印刷设计有限公司
开　　本:850mm×1065mm　1/16
印　　张:15.5
字　　数:330 千字
版　　次:2024 年 8 月第 2 版第 3 次印刷
定　　价:59.80 元

总　　序

　　《管子》一书《权修》篇中有这样一段话："一年之计,莫如树谷;十年之计,莫如树木;终身之计,莫如树人。一树一获者,谷也;一树十获者,木也;一树百获者,人也。"这是管仲为富国强兵而重视培养人才的名言。

　　"十年树木,百年树人"即源于此。它的意思是说,培养人才是国家的百年大计,既十分重要,又不是短期内可以奏效的事。"百年树人"并不是非得一百年才能培养出人才,而是比喻培养人才的远大意义,要重视这方面的工作,并且要预先规划,长期、不间断地进行。

　　当前,我国城市和乡村发展形势迅猛,急缺大量的城乡规划专业应用型人才。全国各地设有城乡规划专业的学校众多,但能够既符合当前改革形势又适用于目前教学形式的优秀教材却很少。针对这种现状,急需推出一系列切合当前教育改革需要的高质量优秀专业教材,以推动应用型本科教育办学体制和运作机制的改革,提高教育的整体水平,并且有助于加快改进应用型本科办学模式、课程体系和教学方法,形成具有多元化特色的教育体系。

　　这套系列教材整体导向正确,科学精练,编排合理,指导性、学术性、实用性和可读性强。符合学校、学科的课程设置要求。以城乡规划学科专业指导委员会的专业培养目标为依据,注重教材的科学性、实用性、普适性,尽量满足同类专业院校的需求。教材内容上大力补充新知识、新技能、新工艺、新成果;注意理论教学与实践教学的搭配比例,结合目前教学课时减少的趋势适当调整了篇幅。根据教学大纲、学时、教学内容的要求,突出重点、难点,体现了建设"立体化"精品教材的宗旨。

　　这套系列教材以发展社会主义教育事业,振兴城乡规划类高等院校教育教学改革,促进城乡规划类高校教育教学质量的提高为己任,为发展我国高等城乡规划教育的理论、思想,对办学方针、体制,教育教学内容改革等进行了广泛深入的探讨,以提出新的理论、观点和主张。希望这套教材能够真实地体现我们的初衷,真正成为精品教材,受到大家的认可。

中国工程院院士

2007 年 5 月于北京

修订版前言

《居住区规划设计》出版三年来,得到了众多高校城乡规划与建筑学等专业师生的热情关注。

本次修订在以下方面进行了补充和完善。

(1)核实并修改了第一版教材中出现的重复以及错误之处,补充了第1章、第2章、第9章等相关章节的内容。

(2)为推动课程思政和数字化教材建设,本教材尝试在各章最后凝练课程思政教育主题,并在各章相关内容的叙述中穿插了部分网络视频资源、居住区规划设计成果等,来源于网络的视频资源均在本书后附上来源网站,以供读者查阅,同时对所有视频素材的作者或机构表示感谢!

(3)为巩固每章所学内容,在每章思政教育主题后增加了复习思考题。

参加本书各章节修订工作的有赵景伟、代朋、张婧、陈敏。

本书在修订中选用了青岛市旅游规划建筑设计研究院有限公司近年来的部分规划与设计成果,也得到了华中科技大学出版社的热情帮助,在此表示衷心的感谢!

书中不足之处,敬请广大同仁和读者继续批评指正。

编 者

2023 年 5 月

前　　言

　　居住区规划是城镇详细规划的重要组成部分,是实现城乡总体规划和控制性详细规划的重要步骤。《中共中央　国务院关于进一步加强城市规划建设管理工作的若干意见》(以下简称《意见》)针对营造城市宜居环境提出了"进一步提高城市人均公园绿地面积和城市建成区绿地率,改变城市建设中过分追求高强度开发、高密度建设、大面积硬化的状况,让城市更自然、更生态、更有特色","健全公共服务设施。坚持共享发展理念,使人民群众在共建共享中有更多获得感。合理确定公共服务设施建设标准,加强社区服务场所建设,形成以社区级设施为基础,市、区级设施衔接配套的公共服务设施网络体系。配套建设中小学、幼儿园、超市、菜市场,以及社区养老、医疗卫生、文化服务等设施,大力推进无障碍设施建设,打造方便快捷生活圈"。同时,《意见》提出应优化街区路网结构,加强街区的规划和建设,分梯级明确新建街区面积,推动发展开放便捷、尺度适宜、配套完善、邻里和谐的生活街区。对城市生活街区的道路系统规划提出了"树立'窄马路、密路网'的城市道路布局理念,建设快速路、主次干路和支路级配合理的道路网系统"等多项要求。

　　本书结合《意见》以及最新版《城市居住区规划设计标准》(GB 50180—2018)的要求,扼要地介绍了居住区的类型、发展历程以及设计要求,分章描述了居住区的规划结构、形态与用地规划,居住区配套设施及其用地规划,居住区道路系统及停车设施规划设计,居住区环境及绿化规划设计,居住区竖向设计,居住区地下空间规划和老龄化社区及居住区养老规划。

　　本书内容全面、观点新颖,通俗易懂,实用性、可读性强,可作为普通高等院校土木工程、建筑学、城乡规划等专业的教材,也可供从事居住区规划设计和管理的建筑师、规划师以及管理人员参考。

　　本书授课计划为32~48学时,采用本书作为教材时,可根据各专业的具体情况,由教师酌情取舍。

　　本书受到"山东科技大学优秀教学团队建设计划"资助,由山东科技大学、中国石油大学(华东)、湖南高速铁路职业技术学院联合编写,在编写中吸收和借鉴了国内外同行专家的先进经验和成果,在此表示衷心的感谢!

　　参加本书各章节编写工作的有:赵景伟(第2章、第8章)、代朋(第4章)、陈敏(第6章)、李肖(第5章)、邓庆尧(第9章)、李欣(第1章)、李威兰(第3章)、张婧(第7章)。全书由赵景伟、代朋统稿。在本书编写过程中,孙硕、刘晗、宋姣姣、熊茂媛、葛辰晓、宋姣姣、戴增超等参与了本书插图的绘制与拍摄工作。

　　本书参考了大量的文献和图文资料(含互联网资料),书中未能全部列出,在此谨对所有文献的作者或机构表示感谢。

本书在编写和出版过程中得到山东科技大学土木工程与建筑学院王来教授、王崇革教授的大力支持和帮助,也得到了华中科技大学出版社的热情帮助,在此表示衷心的感谢!

本书是《城市居住区规划设计标准》(GB 50180—2018)颁布后的一次尝试,在编写过程中或许存在对该标准理解有偏差的情况,书中不足之处,敬请广大同仁和读者批评指正。

编　者

2019 年 10 月

目　　录

第1章 居住区规划设计概论

居住区是社会历史的产物,在不同的历史阶段,居住区受到社会制度、社会生产、科学技术、生活方式等因素影响,随着时代同步发展。回顾我国居住区规划建设的发展历程,历经里坊、街巷、邻里单位、居住小区、综合居住区、社区生活圈的演变过程,并呈现出螺旋形发展态势,体现居住区明显的社会属性及物质现象。居住区规划设计既要弘扬优秀历史文化,吸取国外先进经验,又需拓展思路,追随时代步伐,以不断创造适应时代所需的新型居住区。

居住作为城市的基本功能之一,以城市居住区作为物质载体,是城市的重要组成部分。城市居住区是人类聚居在城镇化地区的居住地,也是人类物质、文化、精神的重要承载空间,城市居住用地在城市用地中占有较大的比重(居住用地占城市建设用地的比例是 25%~40%),在功能上具有突出的作用。

从国家统计局发布的《中国统计年鉴 2021》看,截至 2021 年 12 月,我国城区常住人口超过 1000 万的超大城市有上海、北京、深圳、重庆、广州、成都、天津,城区常住人口在 1000 万以下 500 万以上的特大城市共 14 座,分别是武汉、东莞、西安、杭州、佛山、南京、沈阳、青岛、济南、长沙、哈尔滨、郑州、昆明、大连。截至 2022 年末,我国城镇常住人口 92071 万人,城镇化率达到 65.22%,比 2013 年末(城镇化率 53.73%)上升了 11.49%。《人口与劳动绿皮书:中国人口与劳动问题报告 No.22》(社会科学文献出版社,2021)预计,"十四五"期间中国城镇化率平均每年提高 1.03%,到 2035 年还将有约 1.6 亿农村人口转移到城镇,将对城镇人口分布格局产生显著影响,需要谋划好产业、居住、基础设施和公共服务的布局与供给。

随着我国经济水平的快速提升,城市居住区建设得到了长足的发展。城镇化进程的加速,社会经济的持续快速增长,物质生活水平的提高,促使城市居民对居住质量提出了更高的要求,也为我国居住区的规划设计带来新的机遇及挑战。

居住区的规划设计直接关系到城镇居民生活质量、土地资源利用以及居住空间与环境的营造等多个方面。因此,居住区的规划设计是城市规划中不可缺少的一项重要内容,也是经济、合理、有效地使用规划范围内的土地和空间及建设管理的重要依据。

1.1 我国古代居住区发展历程

人类的居住形式经历了数千年的漫长岁月,不断发展、充实,最后形成一个独立的理论体系。本书认为,以中国为例,居住区的发展经历了以下几个阶段。

1.1.1 聚落式

原始社会时代,人类完全依附于自然的采集和狩猎生活,没有固定的居所。中石器时代以后,由于生产工具的进步,人类逐步学会了耕作,发展了种植业。人类社会劳动出现了第一次大分工,农业与狩猎、畜牧业慢慢分离。农业耕作需要比较固定的地域,人类开始定居,形成最初的聚居地,出现固定的居民点,血缘相近的人群聚集居住在一起,有了最原始的氏族聚落。

随着文明的进步,人类开始有意识地开发利用通过改造自然而创造出来的生存环境,建筑由穴居、半穴居发展到地面建筑,也出现了居住区、制陶及窑区、墓葬区等多种功能分区。居住区的建筑分布也反映了当时氏族聚落的生活方式,氏族成员集合的大房子位于中心,其余圆形或方形小屋环绕周围,门均朝向大房子。

生产力的缓慢提升使得物资逐渐充裕。为了掠夺更多的资源和空间,聚落之间不断爆发战争。为了保障聚落的安全,聚落出现了具有防御功能的壕沟寨墙。陕西西安半坡氏族聚落外围有宽而深的大壕沟;临潼姜寨氏族部落四周也有天然河道和人工挖成的壕沟;河南郾城郝家台、淮阳平粮台城堡等古聚落也都有类似的防卫设施。这些防卫设施是早期城堡的雏形,也是聚落走向城市的演化。(参考网络视频"走进'华夏第一村'半坡遗址,聆听远古回声,领悟璀璨文明",网址为 https://www.bilibili.com/video/av886142009/。)

例如,通过对陕西临潼姜寨遗址的考察,发现遗址内居住区房屋的布局比较整齐,其最大特点就是围成圆圈:北边的房屋门朝南开,东边的房屋门朝西开,西边和南边的房屋则分别朝东和朝北开,总之是面向中央(图 1.1)。中央无物,只有一片面积约 4000 m² 的空地。空地周围略高,向中央逐渐低平,局部保留着当年人们踩踏过的痕迹。西边有两片可能是牲畜夜宿场的地方。居住区绕中心广场布置成环形,可能南部有开口,与陶窑区相连。大房屋位于广场外围,门朝向广场。住房全部面向广场开门,呈环形布置,使得约半数住房的日照、通风条件较差。这种优先保证总体的布置是由以共产制经济为基础的集体生活所决定的,便于对偶住房直接与开展社会活动的中心广场联系,因此,在建筑群的面貌上,明显体现出团结向心的氏族公社组织原则。

1.1.2 里坊式

早在奴隶制社会,随着城市的形成,出现了最早的居住环境的组织形式。奴隶主为便于对奴隶的统治和征收赋税,实行了土地划分的"井田制",即将土地划分为如"井"字的棋盘式地块,其中央为公田,四周为私田和居住聚落,在确立土地所有关系的同时也由此建立了土地所有者的居住形式。殷周时期"一井"即为"一里",是秦汉"闾里"的原型,"井田制"的棋盘式和向心性的划分形式对我国古代城市的格局有着深远的影响。封建社会居住区组成单位的规模比奴隶制社会的要大,名称也有所不

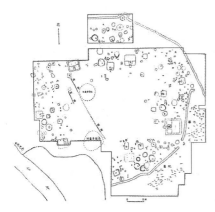

图 1.1　陕西临潼姜寨遗址

同,如秦汉时称之为"闾里",面积约为 1 平方里(约 17 hm²)。三国时期,曹魏邺城的居住单位称为"里",面积约为 30 hm²,而唐代的城市规模更大,如唐长安城的人口规模达 100 万,用地面积为 80 km² 左右,居住区基本单位——"坊"的面积也进一步扩大,大的为 650 步×550 步(约 80 hm²),小的也有 350 步×350 步(约 27 hm²)。

　　里坊式布局是我国古代城市规划的一项基本制度,也是我国古代城市居民区管理的一种组织形式。里坊制在春秋战国时期基本形成,西汉至唐代为发展的鼎盛时期。"里"又称"闾里",《周礼·考工记》中提到:"匠人营国,方九里,旁三门。国中九经九纬,经涂九轨,左祖右社,面朝后市,市朝一夫。"由经纬道所划分的地盘为"里"的地域范围,平面布局呈方格棋局状,一般呈方形或矩形,里内排列居民住宅。汉代在棋盘式街道布局的基础上,开始实行封闭式管理,便有了"坊",坊的四周都设有围墙,中间有一条十字街道,每个坊内仅开一门,晚上定时关闭坊门。市也是由围墙所环绕,临街设店,与坊分别独立存在。曹魏邺城时期,将各个坊、市作棋盘状分割成面积规整的方格,将居民和市安置在里中,形成一种布局严密、功能明确的城市规划制度。唐朝时期"里"和"坊"之间可以互用,统称为"里坊",是里坊式布局的鼎盛时期。里坊的规模有了分级,内部结构更为完善,成为我国古代城市建设中的基本组成单元,完全实行封闭式的城市管理。(参考网络视频"中国古代居住空间形态的演变",网址为https://haokan.baidu.com/v?pd=wisenatural&vid=11056273585627002411。)

　　里坊式居住布局规整、对称,具有封闭性,利于城市的管理,体现了"官民不相参"的指导思想。其内部功能结构完善,坊内居民的生产生活十分便捷(图 1.2)。就我国城市规划发展史论,这种由纵横道路网所划分的方整坊制,与早期运用"井田制"规划概念的传统分不开。

1.1.3　街巷式

　　生产力水平的提高,带动了封建社会商品经济的发展,封闭落后的里坊制成为社会发展的阻碍。北宋中期以后,商业和手工业的发展使得封闭的、居住性单一的里坊

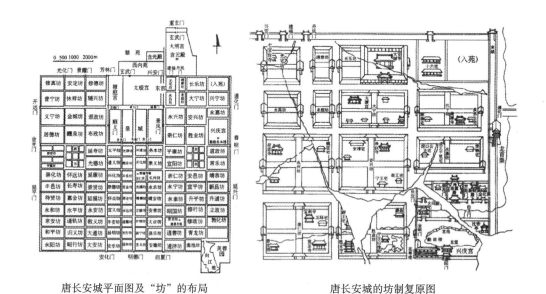

唐长安城平面图及"坊"的布局 　　　　　　　　唐长安城的坊制复原图

图 1.2　唐长安城

制不能适应新的社会经济状况和城市生活方式的变化,相应地出现了街巷制,顺应了历史发展的潮流(图 1.3)。(参考网络视频"福州三坊七巷城市里坊制度的活化石",网址为 https://haokan.baidu.com/v? pd＝wisenatural&vid＝18395372497528039583。)

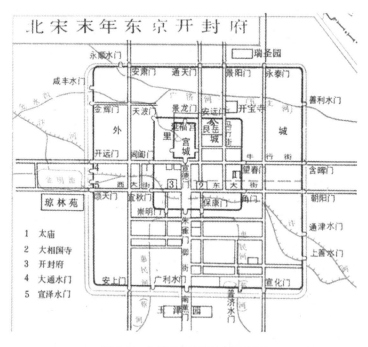

图 1.3　北宋东京开封城复原图

宋代的里坊取消了坊墙,使街坊完全面向街道,沿街设置商店,并沿着通向街道的巷道布置住宅,住宅直接面向街巷,与商店、作坊混合排列。坊内的街道改造为东西向为主的"巷",巷直达干道,形成街巷式居住布局。商业和其他行业的布置是开放型的,分布在城市各条主要街道上,原有的街道成为商业区域,草市、瓦肆、夜市等活动盛行,按功能相对集中布置,极大地丰富了居民的精神文化生活,提高了居民的物质生活水平。(参考网络视频"瓦子,宋朝的大型街市",网址为 https://haokan.baidu.com/v? pd=wisenatural&vid=7098837461100539215。)

1.1.4　胡同式

元代以后,原来的巷改为胡同,形成"大街—胡同—四合院"三级组织结构。胡同内的院落式住宅并联建造,胡同成为北方街巷的通称。南北走向的一般为街,相对较宽,以走马车为主。胡同的走向多为正东正西,宽度一般不超过 9 m,相对较窄,以人行为主,一直通向居民区的内部。胡同两旁的建筑大多是四合院,大大小小的四合院一个紧挨一个排列起来。胡同式的居住布局排列整齐,胡同与胡同之间的距离大致相同,交通便捷,居民区内生活气息浓郁(图 1.4)。

南锣鼓巷北首　　　　　　　　　　后圆恩寺胡同

图 1.4　南锣鼓巷

1.1.5　大街—里弄式

18 世纪后半叶,西欧工业革命使以家庭经济为主导的旧城结构发生变化,随着资本主义大生产的发展,城市人口急剧增长,无计划地修建了大量高密度廉价住宅,规模较大的住宅区多形成联排式布局,居住环境质量不断下降。从 1840 年至 1949 年,我国住宅建设一直混乱无序,缺口严重,一些通商口岸城市人口迅速增长,地价昂贵,出现了以二、三层联排式为基本类型的里弄式住宅。

大街—里弄由"街—弄—里"三级组成,街是城市行车干道,街两侧的分支就是里弄,一般情况下不通机动车,弄两侧的分支是里,一般为尽端路。里弄实际上是由于城市人口急剧增长,造成街巷、三合院空间压缩而形成的,日照、通风条件较差,几乎没有绿化,空间呆板单调(图1.5)。

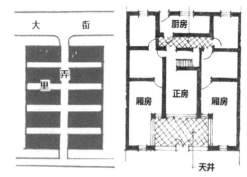

上海的大街—里弄式规划结构　里弄住宅户型平面　　　　　　　上海里弄

图1.5　里弄

1.2　现代居住区的规划发展

1.2.1　邻里单位

1929年,美国社会学家克拉伦斯·佩里提出邻里单位(neighborhood unit)的社区规划思想,目的是要在汽车交通开始发达的条件下,创造一个适合居民生活、舒适安全、设施完善的居住环境。佩里认为,邻里单位就是"一个组织家庭生活的社区的计划",因此这个计划不仅要包括住房及其周边环境,而且还要有相应的公共设施,这些设施应至少包括一所小学、零售商店和娱乐设施等,能够满足居民基本的日常生活需要。同时,在当时快速的汽车交通时代,环境中最重要的问题是街道安全,邻里单位可形成独立的内部道路系统,减少居民和汽车的交织冲突,避免外部交通的穿越,将汽车交通完全安排在居住区之外,形成一个封闭、安静、安全的"细胞"。

根据佩里的思想,建筑师斯坦确定了邻里单位的示意图式(图1.6)。这一图式首先考虑小学生上学时不用穿越马路,以小学为圆心,以0.25 mile(1 mile=1.6093 km)为半径来考虑邻里单位的规模,在小学附近还设置日常生活所必需的商业服务设施,邻里单位内部为居民创造一个安全、静谧、优美的步行环境,把机动交通给人造成的危害减少到最低限度,这是解决交通问题的基本要求之一。

根据佩里的论述,可知邻里单位由以下六个原则组成。

(1)规模(size):一个居住单位的开发应当提供满足一所小学的服务人口所需要的住房,它的实际面积则由它的人口密度决定。

(2)边界(boundary):邻里单位应当以城市的主要交通干道为边界,这些道路应

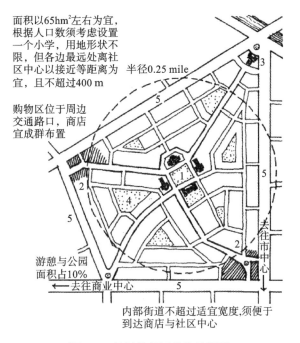

面积以65hm²左右为宜，根据人口数须考虑设置一个小学，用地形状不限，但各边最远处离社区中心以接近等距离为宜，且不超过400 m

半径0.25 mile

购物区位于周边交通路口，商店宜成群布置

游憩与公园面积占10%

去往市中心

去往商业中心

内部街道不超过适宜宽度，须便于到达商店与社区中心

图 1.6　佩里的邻里单位示意图

1—邻里中心；2—商业和公寓；3—商店或教堂；4—绿地；5—大街

当足够宽，以满足交通通行的需要，避免汽车从居住单位内穿越。

（3）开放空间（open space）：应当提供小公园和娱乐空间的系统，它们被计划用来满足特定邻里的需要。

（4）机构用地（institution sites）：学校和其他机构的服务范围应当对应邻里单位的界限，它们应该适当地围绕着一个中心或公地进行成组布置。

（5）地方商业（local shops）：与服务人口相适应的一个或更多的商业区应当布置在邻里单位的周边，最好处于交通的交叉处或与相邻邻里单位的商业设施共同组成商业区。

（6）内部道路系统（internal street system）：邻里单位应当提供特别的街道系统，每一条道路都要与它可能承载的交通量相适应，整个街道网要设计得便于内部交通的运行，同时又能阻止过境交通的使用。

邻里单位模式被西方规划师应用于新城运动及战后城市规划中，对世界各国的居住区规划、城市规划都产生了重大影响。在第二次世界大战后，西方各国住房奇缺，邻里单位理论在英国和瑞典等国的新城建设中得到广泛应用。

我国在 20 世纪 50 年代初曾借鉴西方邻里单位的规划手法来建设居住区，如北京的"复外邻里"和上海的"曹杨新村"（图 1.7）。居住区内设有小学和日常商业点，使儿童活动和居民日常生活能在本区内解决，住宅多为二、三层，类似庭院式建筑，成组布置，比较灵活自由，并且由于是大规模集中统一建设，建成后面貌一新。

图 1.7 曹杨新村总平面图
1—居住区中心；2—中学；3—小学；4—幼儿园；5—医院；6—菜市场

1.2.2 雷德朋新镇大街坊

1933 年与佩里有着密切合作关系的美国建筑师设计的雷德朋新镇大街坊，充分考虑了私人汽车对现代城市生活的影响，采用了人车分离的道路系统以创造出积极的邻里交往空间。大街坊以城市中的主要交通干道为边界来划定生活居住区的范围，由若干栋住宅围成一个花园，住宅面对着这个花园和步行道，背对着尽端式的汽车道，这些汽车道连接着居住区外的交通性干道；在每一个大街坊中都有一个小学和游戏场地，形成一个安全、有序、宽敞和拥有较多花园用地的居住环境。每个大街坊中都有完整的步行系统，与汽车交通完全分离，这种人行交通与汽车交通完全分离的做法，通常被称作"雷德朋人车分流规划"（图 1.8）。

雷德朋人车分流规划体系具有以下几个特点。

（1）绿地、住宅与人行道有机地配置在一起，道路网布置成曲线。

（2）行人和机动车在一个平面上隔离。

（3）建筑密度低，住宅成组配置成团，形成口袋形。

（4）相应配置公共建筑，将商业中心布置在住宅区中间，使住宅区的各部分通往中心的距离都相等。

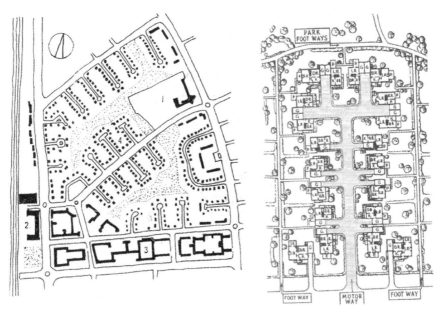

雷德朋人车分流规划示意图　　　　　　　雷德朋人车分流系统细部

图 1.8　雷德朋人车分流规划

1—小学；2—商店；3—公寓楼群；4—小住宅

1.2.3　新城建设

新城建设是指第二次世界大战后的英国及其他一些国家进行的一种大规模的城市建设活动。

在英国，大规模的新城建设开始于第二次世界大战之后，到 1981 年，英国按规划建成了 34 座新城。其中，在英格兰的有爱克里夫、贝雪尔顿、哈罗、哈特菲尔德、米尔顿·凯恩斯、雷迪奇、伦康、斯蒂文乃奇等 23 座，在苏格兰的有坎伯诺尔德。英国的新城建设大致经历了三个阶段。

第一个阶段是战后初期，即 1946—1955 年兴建的小镇（以新城哈罗为代表）。这一阶段的新城规划特点比较接近"田园城市"的概念。为了吸引市区居民移迁到新城，比较重视绿化建设和环境质量，城市规模较小。城市作为一个社区，划分成若干个邻里单位，各邻里单位的商业中心彼此有联系；工业集中布置在工业区，与居住区隔离。各个新城的建筑风格比较统一，但仍各有特点。

居住区人口密度较低，平均约为 75 人／hm^2，居住区或邻里单位之间用绿带或小公园隔开。公共中心有采用集中式步行区的，如斯蒂文乃奇；有与车站毗邻的，如海默尔·亨普斯特德；有中心设计成具有英国传统农村风味的，如克劳莱。

新城哈罗（图 1.9）位于伦敦以北 37 km，用地面积为 540 hm^2，最初规划居住 6 万人，设计从邻里单位入手，每个单位住 3500～6000 人，各有小学和商业中心，中学位于绿地中,并作为联系各邻里单位的一个环节。第一代新城由于人口规模较小(2.5万~6万人)、密度过低、工作岗位不足,一般认为缺乏城市气氛。

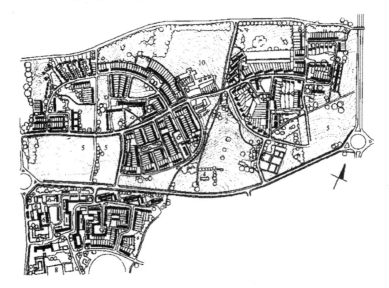

图1.9 新城哈罗市镇规划平面图(北马克霍尔邻里规划平面图)

1—商店;2—公园;3—学校;4—教会;5—保留地;6—工业、汽车库;
7—健康中心;8—康乐中心;9—停车场;10—游乐地区

新城的规划思想来自霍华德的田园城市,具有以下特点。

(1)住宅以独立花园式住宅为主,搭配少量的公寓,居住区十分强调绿化和景观。

(2)新城开发中自建房屋比例较低,大部分由开发公司统一开发,工业化施工,成本较低,租金比较低廉。

(3)开发新城的另一个重要原则就是就业,优先考虑把新增工业、企业项目布置在新城。

(4)新城的交通体系采用完全的人车分行原则,新城主干路由快速路与大城市中心联系,市区内部有完整的步行系统,可以步行穿越各社区的中心、商店、学校和公共汽车站。

(5)新城建设了充足的服务设施,如大规模的医院、学校、购物中心等。

(6)新城还预留大片未开发土地,以便进一步开发娱乐、休闲等公共活动场所。

第二个阶段是战后发展阶段,即1955—1966年,英国大城市均出现经济复苏,人口迅速增长,内城压力继续增大,但内城已经衰退,新城建设进入高潮,建设量剧增。该阶段的新城以坎伯诺尔德(Cumbernauld)为代表,它是为疏散格拉斯哥的人口而建设的。与早期霍华德花园城市风格的新城不同,坎伯诺尔德是一个意图通过建筑的方式增加城市的密集度的社会乌托邦实验,中心区坐落在格拉斯哥东边二十多千米的一个北高南低的坡地上。在规划上不用邻里单位的布局形式,而是在道路系统中将干道引入人流密集的中心地区,利用不同的标高实行人车分离。居住密度加大,全城平均人口密度为 214 人/hm²,中心地区为 300 人/hm²。主要建筑物以东北—西南方向为长向放置,体量向东南方向升高。主体结构由既定的横剖面向东北—西南方向拉升而成,在主体市政中心之上还有巨型混凝土柱抬升起来的平台与坐落在平台上的公寓,住宅采用 2 层、4～5 层乃至 8～12 层等多种建筑类型,以容纳较多的人口。

但是,坎伯诺尔德遭遇了各种规划条件的阻碍:首先,坎伯诺尔德位于相对寒冷的苏格兰,但是建筑的主要交通空间几乎都开敞,与此地的主导风向完全一致;其次,坎伯诺尔德本来横跨两个郡,但是其中一个郡由于各种原因没有划地给新城,这直接导致原来穿过规划地块的铁路线仅仅划过地块的边缘,高程区隔仅仅分开了并不繁忙的汽车道与主要平台,相对低的人流密度使得这种分隔显得多余;最后,坎伯诺尔德仅规划安置 5 万人口,致使市政中心的空置率非常高。

第三个阶段是 1966 年以后,随着英国的国民收入增加,大城市旧区的居住质量有所改善,新城建设进入成熟阶段。此阶段的建设主要是为了增加就业机会,使新城成为独立完整的小城市而不是大城市的附属城。

这类新城中具有代表性的是米尔顿·凯恩斯(图 1.10)。该城位于伦敦和伯明翰之间,汽车交通方便。为了便于吸引外来企业和技术,城市人口规模定得较大,为 25 万人。预计 25 年建成,城市面积为 89 km²。规划上采取分散布置工业和工作岗位的方法,以求得便捷和经济的效果。考虑到一些现代工业已经解决了污染环境的问题,因此将无害的小工厂安排在居住区内。为避免交通集中,大专院校、医疗中心以及其他一些机构设置在城市的边缘。为了分散市中心交通量,规划了 8 个次中心,在靠近市中心地区建造密度较高的居住区。这种布局形式可以分散交通集散点,减少长距离的交通流量,将交通负荷均匀地分散到各干道上去。交通工具以公共汽车为主,行人过街采取立体交叉方式。在居住区的布局结构上,将商店、学校等公共设施布置在各区的边缘,并与公共汽车站、地下人行横道结合在一起。全市共有 164 个活动中心,按各地段的社会需求设置各有特点的内容,城镇的景观设计力求具有田园城市特色。

20 世纪 20 年代以来,特别是第二次世界大战后,世界许多国家都建设了大量的新城。苏联为了实现生产力和人口有计划的重新分布,到 1982 年为止,共由国家投资兴建了 1238 座新城,其中 80% 是工业城市,大多数新城的人口规模在 5 万人以下。美国进行大规模的新城建设是从 20 世纪 60 年代后期开始的,其类型包括大城市周围的卫星城镇,远离大城市、完全独立的新城,大城市市区内改建或新建的住宅区(被称为城中之城)等。新城主要由私人企业进行开发和建设。法国决定从 1970 年起在全国建设 9 座新城,以疏散大城市人口。日本建设新城的主要目的是在大城市郊区开辟居住地区,以解决大城市里的住房问题;从 20 世纪 50 年代后期到 1982 年已经建成和基本建成的人口在 5 万以上、占地 500 hm² 以上的新城有 20 多座,其

■ 新城中心
▨ 工业用地
▪ 基层商店
▫ 初级中学
● 小学

道路系统采用方格网形式，间距为1km左右，道路所包围的邻里单位是一个扩大街区，面积为100万平方米，每边只留一个车辆出入口，基层商店不再设在邻里单位中心，而是布置在城市道路上。

图 1.10　米尔顿·凯恩斯规划平面图

中多数是依附于母城的住宅城市，少数是设有工业的新城，还有 2 座是科技和大学城。在发展中国家，有的国家规划和建设大型新城作为新的首都，如巴西；有的国家建设新城作为区域发展中心，以减轻流入大城市的人口压力，并为由农村向城市迁徙的居民提供有吸引力的工作和生活环境，如委内瑞拉；有的国家则在不发达地区建设新城，引进工业和其他设施，以调整经济发展的不平衡状态，如马来西亚。总体来说，无论是在发达国家，还是在发展中国家，新城建设都是一项巨大的实验，各国都在进一步探索有利于实现其社会、经济目标的建设新城的政策和规划方法。

从 20 世纪 70 年代的新城镇建设运动开始，香港一共经历了三次新城建设：第一次为荃湾、沙田与屯门；第二次为大埔、上水与粉岭；第三次为元朗、将军澳与东涌。根据 20 世纪 80 年代初的香港政府文件，新城镇应该具有以下特点：①它是一个精心规划、具有完整功能的独立城镇，拥有满足多层次需求的基础设施；②在地理上它必须远离既有的城市中心，以保证它的独立性；③它的安置对象应该主要是来自九龙与香港岛的居民，以便疏解市区的人口压力；④它的住屋性质应该以公屋为主，实际上后期的新城中，私人住宅、豪华住宅的比例逐渐提高；⑤新城镇居民的就业去向应该以制造业为主，在 20 世纪 90 年代以后制造业逐渐式微，新界本土的产业形式早就无法支撑如此庞大的居民数量；⑥均衡发展(balanced development)与独立自主(self-containment)是香港新城镇的规划与建设原则，这包括了多层次的服务设施与多样社会群体的混合。由于实施困难，独立自主在后期的规划文件中已经不再提及，而目前看来多收入群体的均衡配比是许多新城成功的关键。

从 1976 年开始,由规划图纸付诸实施的沙田新市镇,如今已经是一个安置了 60 多万香港公民的蔚然可观的中等规模卫星城(图 1.11)。根据英国 Experian Foot-Fall 公司几年前的客流量监测,沙田新城市广场已经成为全球繁忙的商业中心之一。从 1961 年就开始规划的沙田新市镇,它的早期规划受到英国的第二代新城坎伯诺尔德的深刻影响。一份由香港建筑师协会出具的对早期沙田新城规划报告的审核意见就已经提到要使用坎伯诺尔德与瑞典的魏林比新城的交通与空间规划方式,将整个新城中心放置在主要的交通干线正上方,即用高程区隔的方式将新城中心规划为一个多平台叠置的巨构建筑。而这些交通干线便是后来的沙田正街与大埔公路。

沙田新城市广场鸟瞰　　　　　　　沙田新城市广场前的公共广场

图 1.11　沙田新城市广场

香港特有的重商主义文化使得一开始并不被看好的沙田商业区在短短几年内就迅速成长并迅速与香港岛、九龙呈鼎立之势。回望坎伯诺尔德的规划历程,不难看出由汽车所主导的机动性与规划者所推崇的城市性是矛盾的。汽车只会导向郊区化,并导致高度依赖汽车的出行方式,这与以行人为主要服务对象的城市性是无法协调的。而沙田完全无须担忧这种矛盾,即使在香港人收入猛增的 20 世纪 90 年代,私人汽车的增长依然无法同西方国家的现代化时期相比。1985 年,沙田新城市广场落成。此时的沙田虽然还是一个偏远的新界市镇,但是周边的新住区建设正在有条不紊地展开。这些自成一体的住区包括 1977 年落成的沥源村,1981 年落成的沙田中心与 1984 年落成的好运中心,更兼有城门河对岸的沙田第一城。这些日趋成熟的社区都为新城市广场带来稳定的客流。这些屋村自身也都有一定的社区商场,这使得新城市广场的定位天然地具有一定的开发机遇和优势。

1.2.4　新城市主义

二战后的美国人口迅速增长,城市生活环境日趋恶劣。由于郊区土地相对廉价,自然环境也优于市区,大量中产阶级为了寻求更好的居住环境而从城里搬迁到城市边缘及郊区地段。这一时期在发展中暴露出了很多缺点:城郊用地被肆意侵占;社会资源被极大地浪费;城市交通负担加重;阶层型小区的形成;适合低收入者住宅的缺乏；住区安定感和认同感的丧失。因此，人们开始寻找一种全新的社区模式来解决这些问题，新城市主义（new urbanism）应运而生。

20世纪60年代以后，《建筑的复杂性与矛盾性》和《美国大城市的死与生》等论著掀起了对现代主义城市的批判，人们认为现代城市规划理论在推崇功能分区的同时，消灭了高密度、小尺度街坊和开放空间的混合使用，从而破坏了城市的多样性。而功能纯化的地区如中心商业区、市郊居住区，实际上都是机能不良的地区。美国的新城市主义是由于城市中心区过于密集和环境恶化产生的。美国城市不仅有工业化初期遗留的问题，更多地表现为两次世界大战期间急剧膨胀的现代主义城市。

新城市主义是针对郊区无序蔓延带来的城市问题而形成的，主张使现代生活的各个部分重新成为一个整体，即将居住、工作、商业和娱乐设施结合在一起，形成一种紧凑的、适宜步行的、功能混合的新型社区。根据新城市主义的理论，居住区的布局应考虑以下十个原则。

（1）易于交往的步行系统。10分钟步行范围内布置满足各种功能要求的出行目的地。创造紧凑、适于步行的邻里，包括彼此连接的街道、人行道和行道树，使人们可以步行到达工作地点、学校、公共汽车站。

（2）多样化、有层次的网状道路结构。网状结构的道路系统不仅利于疏散，更易于步行。建立高质量的步行系统，同时鼓励发展便捷的公共交通代替私人机动车的出行。

（3）土地混合使用。居住区内各种功能的混合，不仅满足居住需求，而且让居民在社区内就可以工作、生活、购物、休闲。

（4）住宅类型混合。同一居住区内包含不同户型、不同体量、不同规模的住宅。多样化的住宅资源，不仅适用于不同年龄、收入、文化和种族的居民需求，还可以丰富居住区内的建筑形态，避免过于单调的社区景观。

（5）高质量的建筑设计。人性化的设计，尽量保护历史建筑和邻里社区，保持地区的历史特性，创造多样化的社区。

（6）传统的社区结构。居住区内设置可识别性的社区中心和边界，社区中心具备公共空间，沿街商业可以增加社区的活力，结合分散的、易于到达的绿地，共同形成适宜的开敞空间。

（7）增加容积率和建筑密度。人口的增长趋势明显，应考虑增大开发强度。

（8）公共交通出行。结合城市公共交通网络，建立公共交通优先体制；步行系统连续、完善，鼓励更多的人使用自行车等交通工具，低碳环保出行。

（9）可持续性。应用生态技术保护环境，提高能源利用效率，更多地使用当地材料，发展新型节能技术。

（10）生活品质。创造地方的多样性，提高居民的生活品质。

新城市主义的基本理念是从传统的城市规划设计思想中发掘灵感，并与现代生活的各种要素相结合，重构一个被人们所钟爱的、具有地方特色和文化气息的紧凑型邻里社区来取代缺乏吸引力的郊区模式。1993年新城市主义协会(CNU)召开了第一次会议,并于1996年的第四次大会上通过了"新城市主义宪章",主要原则有:社区的紧凑,清晰的中心和边界的邻里结构,各种城市功能和居住类型、居住人群的混合,适合步行的环境和尺度,公共空间的重要性,公众参与。

新城市主义的核心思想:一是重视区域规划,强调城市从区域整体的高度看待和解决问题;二是以人为中心,强调建成环境的宜人性以及对人类社会生活的支持性;三是尊重历史和自然,强调规划设计与自然、人文、历史环境的和谐性。

无锡大上海国际花园方案引入了"新城市主义"的设计理念,结合所在区域生命科技园"生态、生物、生命"的大生命主题,提出"源自欧洲的生态社区"这个文化主题。根据用地资源,以三个在生态环境方面各具特色的欧洲城镇为原型,方案形成了三个各具特色的欧洲文化风貌区:西南区的马斯垂克——欧风商业风貌区,中部和东南区的芦舍小镇——水岸景观风貌区,以及北部的乌特勒支——运河风貌区(图1.12)。

新城市主义具有两种开发和组织方式:TOD体系(transit oriented development,以交通为导向的开发)和TND体系(traditional neighborhood development,传统住区开发)。

TOD体系以区域城市理论(宏观)为基础,以区域性的公共交通体系为结构,引导城市和郊区沿大型公共交通的路线进行集约式发展,减少对私人汽车的依赖,使城市和郊区经过发展逐渐融合成为有多个核心的网络。TND体系提倡学习美国传统的城镇形态和结构,主张相对密集的开发功能混合的和多元化的住宅形式,创造街道、广场及社区活动场所等有意义的空间并加强步行可达性,鼓励和建设多种交通方式。狭窄的网络型街道是TND开发模式的基础。

TND体系的设计原则包括以下几个方面:具有容纳商业、文化或行政活动的邻里中心;到达工作或购物地点的距离在五分钟行程内;小尺度的街区划分,街道以网格状布置,从而提供多种选择的交通路线,减轻交通压力;以巷道辅助街道,使其尺度减小,为人行道带来开放性和步行性;建筑物容纳多种功能,它们的高度和退界受到限制,使街道得以保持统一性;在显著位置安排市政建筑或社区公共建筑;在尽可能近的距离内安排多种住宅形态,使收入不同的人群间彼此产生联系;与大型公共交通有直接联系;增加社区氛围和公众的责任感。

1.2.5 扩大街坊和居住小区

在邻里单位被广泛采用的同时,城市规模也在不断扩大,居住区与工作地点间距离变远,交通日趋紧张。在道路划分的独立街坊内,自给自足的公共服务设施经济效益低,居民缺乏选择性,要求居住区的组织形式更具灵活性。在此背景下,苏联提出了扩大街坊的规划原则,与邻里单位十分相似。在干道间的用地内不明确划分居住小区,即一个扩大街坊中包括多个居住街坊(图1.13),扩大街坊的周边是城市交通,保证居住区内部的安静、安全,布局上强调周边式和轴线对称式布置。

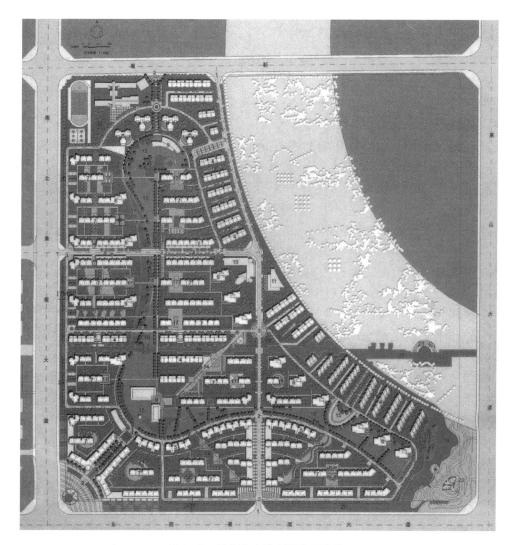

图 1.12　无锡大上海国际花园方案

1953 年,我国掀起了向苏联学习的热潮,援华工业项目的引进带来了以"街坊"为主体的工人生活区。北京棉纺厂、酒仙桥精密仪器厂、洛阳拖拉机厂、长春第一汽车厂等都是街坊布置的翻版,20 世纪 50 年代初建设的北京百万庄小区属于非常典型的案例(图 1.14)。9 个居住区组团环绕着中间的绿地、商店和幼儿园,各家各户步行五分钟就能到达,非常便捷。但由于该种形式存在日照通风死角、过于形式化、不利于利用地形等问题,在此后的居住区规划中较少采用。(参考网络视频"No.1 百万庄小区　所有的豪宅终将老去",网址为 https://haokan.baidu.com/v? pd=wisenatural&vid=12907308279069004867。)

随着战后各国经济的恢复和科学技术的迅速发展,为适应人民生活水平不断提高的要求,各国在居住区规划建设实践中又进一步总结和提高了居住小区(residen-

图 1.13　典型街坊示意图

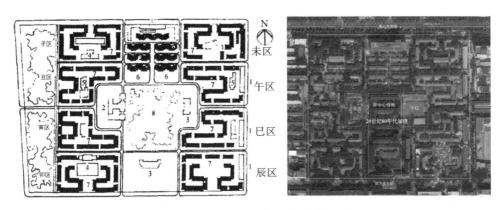

图 1.14　百万庄小区总平面图

1—办公；2—商场；3—小学；4—托幼；5—锅炉房；6—2 层并联住宅；7—3 层住宅；8—绿地

tial quarter)和新村(housing estate)的组织形式,使邻里单位和扩大街坊的理论又进一步得到充实和完善。1958 年苏联批准的"城市规划和修建规范"中明确规定小区作为构成城市的基本单位,对居住小区的规模、居住密度、公共服务设施的项目和内容都作了详细的规定。此后,居住小区作为构成城市的一个完整"细胞",在许多国家的城市建设中蓬勃发展。苏联建设的实验小区——莫斯科新切廖摩西卡 9 号街坊(图 1.15),其特点是不再强调平面构图的轴线对称,打破了住宅周边式的封闭布局,并且增加了配套服务设施,除学校、托儿所、幼儿园、餐饮和商店外,还建有电影院和大量的活动场地。由此可以看出,小区与街坊的不同之处在于:组团内不设公共服务设施,具有更加安静的环境;打破了住宅周边式的封闭布局,不再强调构图的轴线对称;配套设施更加齐全。

现代城市交通的发展需要进一步加大干道间距,住宅建设规划空前发展,住宅层数因用地紧张而不断增多,城市交通因城市规模的不断扩大和过分强调城市规划的功能分区使居住和工作地点的分布不合理而越来越紧张,城市旧居住区改建的特殊性以及居住小区内自给自足的生活服务设施缺乏选择的可能性等,要求居住区的组织形式和功能应具有更大的灵活性,因而出现了"居住区"(特指)、"综合居住区"等多

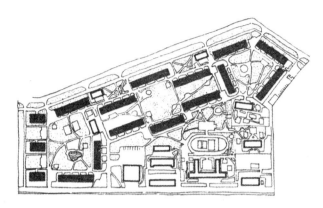

图 1.15　莫斯科新切廖摩西卡 9 号街坊平面图

种规划组织形式。所谓居住区即由多个居住小区组成,除小区级公共中心外,还设有更加完善的居住区级公共中心,居民日常生活所需基本可在居住区内得到解决,居住区实际已基本具备小型城市的功能。

综合居住区则是指居住和工作环境结合在一起的一种规划组织形式,以居住用地为主体,附设不同类型的工作地段,以节约上下班的时耗,减轻城市交通压力,方便生活,利于生产和工作。如与无害工业结合的"生产居住综合区",与商业服务、文化体育结合的"商业文体居住综合区"等。

综上所述,居住区规划组织形式的演变经历了从小到大、从简到繁、从低级到高级的过程,今后还将随着社会经济、生产和生活方式的变化而变化。

1.2.6　我国现代居住区的规划发展

20 世纪 50 年代,我国居住区建设处于改造与稳步发展时期,在规划设计理论上重视学习和借鉴国外理论和经验,引进了邻里单位、扩大街坊和居住小区理论,并在实践应用中形成一套适合中国国情的规划理论与方法,使规划水平得到迅速提高。

这一时期提出了"有利生产,方便生活""节约用地,少占农田"的规划建设指导原则,在 20 世纪 50 年代初期采用了邻里单位的规划组织结构形式,20 世纪 50 年代中期采用较多的是苏联的扩大街坊形式,20 世纪 50 年代后期推广居住小区理论。建设体制实行"统一投资、统一征地、统一规划、统一建设、统一管理"的统建制,推进了成街成片、成组成团并配有完备设施的新型居住区的形成。在 20 世纪 50 年代,由于重视城市规划的科学性,勇于实践探索,初步形成了居住区规划思想、体制、理论和方法体系,在规划建设中积累了不少成功经验,为居住区规划建设的进一步发展打下了坚实的基础。

20 世纪 60 年代初,从理论上探讨了如何创造安静、优美、生活方便的居住区,并且在提高建筑密度、继承传统方面也有不少研究,对当时的居住区规划建设起到一定的指导作用,如北京垂杨柳小区(图 1.16)。20 世纪 60 年代中期以后,城市规划被取消,城市建设无章可循,统建体制完全解体,住宅建设采取的是"见缝插针""占用少量零星农田或城市边角地"等挖掘潜力的方针,因而出现散、乱、差的局面。20 世纪 70 年代后期,住宅及居住区规划建设有所复苏,在一些受到特殊保护的重点工业企业、三线地区的生活区规划建设中,可以看到不同程度的改进,如多层高密度、点条穿插的住宅群体组合,利用地形改变空间环境等多种尝试(图 1.17)。

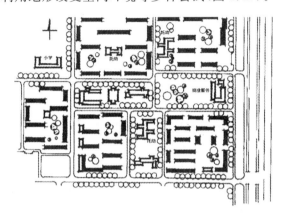

图 1.16　北京垂杨柳小区北区规划平面图

图 1.17　北京石化总厂迎风村规划平面图
1—中学;2—托儿所;3—幼儿园;4—理发、浴室;
5—热交换站;6—液化气调压站;7—粮店;8—副食店

在改革开放之前,我国实行完全福利化的住房政策,住房建设资金全部来源于国家基本建设资金,住房作为福利由国家统一供应,以实物形式分配给职工。受国家财力制约,单一的住房行政供给制越来越难以满足群众日益增长的住房需求,居住条件改善进展缓慢,住房短缺现象日益严重。

1949—1978 年,我国的城镇住宅建设总量只有近 5.3 亿平方米,居住区按照街坊、小区等模式统一规划和建设,虽然建设量并不大,但在居住小区理论的指导下,在全国各地建成了大量的居住小区,有代表性的小区有北京夕照寺小区、和平里小区、上海蕃瓜弄、广州滨江新村等。经过不断的努力,形成居住小区—住宅组团两级结构的模式,有的小区在节约用地、提高环境质量、保持地方特色等方面做了有益的探索,使居住小区初步具有了中国特色。

改革开放后,我国居住区建设进入了迅速发展时期。为满足住宅建设规模迅速扩大的需求,"统一规划、统一设计、统一建设、统一管理"成为当时主要的建设模式,居住区建设规模达到 80 hm²,扩充到居住区一级,在规划理论上形成"居住区—居住小区—住宅组团"的规划空间结构、"公共绿地—半公共绿地—私密绿地"的级差模式。居住区级用地一般有数十公顷,有较完善的公建配套,如影剧院、百货商店、综合商场、医院等。居住区具有相对的独立性,居民的一般生活要求均能在居住区内解决。

进入 20 世纪 80 年代以后,居住区规划普遍注意了以下几个方面:根据居住区的规模和所处的地段,合理配置公共建筑,以满足居民生活需要;开始注意组群组合形态的多样化,组织多种空间;较注重居住环境的建设,空间绿地和集中绿地的做法受到普遍的欢迎。一些城市还推行了综合区的规划,如形成工厂—生活综合居住区、行政办公—生活综合居住区、商业—生活综合居住区等。

从 1986 年开始,在全国各地开展的"全国住宅建设试点小区工程",使我国住宅建设取得了前所未有的成绩。"试点小区"规划普遍注意了以下四个方面:根据居住区的规模和所处的地段,合理配置公共建筑,以满足居民生活需要;开始注意组群组合形态的多样化,组织多种空间;较注重居住环境的建设,空间绿地和集中绿地的做法受到普遍的欢迎;强调了延续城市文脉、保护生态环境、组织空间序列、设置安全防卫、建立完整的配套服务系统、塑造宜人景观等方面的要求,从规划设计理论、施工技术及质量、四新技术的应用等方面,推动我国住宅建设科技的发展。

20 世纪 90 年代开始的"中国城市小康住宅研究"和 1995 年推出的"2000 年小康住宅科技产业工程",对推动我国住宅建设和规划设计水平跨入现代住宅发展阶段起到了重要的作用。小康住宅在试点小区的基础上,表现出了新的特点:打破小区固式化的规划理念,随着管理模式和现代居住行为的变化,强调小区规划结构应向多元化发展,鼓励规划设计的创新,而不再强调"小区—组团—院落"的模式和中心绿地(所谓"四菜一汤")的做法,淡化或取消组团的空间结构层次,以利生活空间和功能结构的更新创造;突出"以人为核心",把居民对居住环境的需求、居住类型和物业管理三方面的需求作为重点,贯彻到小区规划设计整个过程中;坚持可持续发展的原则,在小区建设中留有发展余地,坚持灵活性和可改性的技术处置,更加强调建设标准的适度超前,例如提出小康居住标准为人均居住面积达到 35 m²、绿地率提高到 35%,特别对汽车停放做了前瞻性的策略布置,首次提出提高私人小汽车停车车位标准等;突出以"社区"建设作为小区规划的深层次发展,配套设施更加结合市场规律,强调发展社区文明和人际交往关系,把人们活动的各方面有序地结合起来,体现现代生活水准的高尚小区。

1994 年提出的"小康住宅十大标准"突出表现了规划居住品质的水准。"小康住宅"是面向 21 世纪发展的能较好地体现居住性、舒适性和安全性的文明型大众住宅,同现有的普通住宅相比,要求使用面积稍有增加,居住功能完备合理,设备设施配置齐全,住区环境明显改善,可达到国际上常用的"文明居住"标准。小康住宅被认为是未来发展的方向,对引导住宅建设发展有重要的意义。

小康住宅强调以人的居住生活行为规律作为住宅小区规划设计的指导原则,2005 年编制的《小康住宅居住小区规划设计导则》,作为指导小区的规划设计的重要指导文件,对全国 80 多个小康示范项目进行了技术咨询、监督检查。

"小康住宅十大标准"包括以下十个方面:①套型面积稍大,配置合理,有较大的起居、炊事、卫生、贮存空间;②平面布局合理,体现食寝分离、居寝分离的原则,并为住房留有装修改造的余地;③房间采光充足,通风良好,隔声效果和照明水平在现有国内基础标准上提高 1~2 个等级;④合理配置成套厨房设备,改善排烟、排油条件,冰箱入厨;⑤合理分隔卫生空间,减少便溺、洗浴、化妆、洗脸的相互干扰;⑥管道集中,水、电、煤气三表出户,增加保安措施,配置电话、闭路电视、空调专用线路;⑦设置斗门,方便更衣换鞋;展宽阳台,提供室外休息场所;合理设计过渡空间;⑧住宅区环境舒适,便于治安防范和噪声综合治理,道路交通组织合理,社区服务设施配套;⑨垃圾处理袋装化,自行车就近入库,预留汽车停车位;⑩社区内绿化好,景色宜人,体现出节能、节地特点,有利于保护生态环境 。

改革开放的前 20 年,我国住宅及居住区规划建设事业在正确的政策方针指引下,得到了健康有序的发展,无论是在规划设计、科学技术、建设体制还是在资金来源等各方面都有丰富的经验,为 21 世纪我国居住小康水平建设铺设了新路。城镇住宅建设在 1979—1998 年共建约 35 亿平方米,为中华人民共和国成立前 30 年建设量的 7 倍,1998 年人均居住面积达到 9.3 m²,人民居住水平有了较大改善。

随着房地产市场的不断拓展,人们对居住区规划设计新理念和新手法的探索一刻也没有停止过。开发项目的住区选址、楼盘规模、规划结构、空间形态、交通组织、景观绿化、公建配套等均发生了许多新的变化。这一时期我国居住区的规划发展已经步入市场化成熟期,呈现多样化特征,主要特点如下。

(1) 城市化加快使得核心城市中心土地紧缺,住区选址向城郊扩展。这种趋势随着道路的延展而加快发展,郊区化楼盘的自然环境和品质受到大众的欢迎,使千百万城市工薪家庭获得了价格相对低廉的住房。但是,交通成本增加,生活设施一时得不到完善,造成使用上的不方便。

(2) 楼盘规模趋向于大型化。楼盘规模的大型化,有利于集中资金、完善配套设施和物业管理,但是常因为缺乏整体的规划和管理,造成楼盘分割、公共设施得不到充分利用,城市功能不健全,住户使用不方便。大盘开发的问题逐渐显露。

（3）公共空间从封闭式管理到对外开放。

20世纪90年代末，小区物业管理从无到有并以法律的形式确立下来。物业管理制度的建立为人们提供了安全、舒适、整洁、优雅的社区环境，使居住生活质量得以保证。但是小区封闭式物业管理常常因为规模过大造成极大的不便，城市功能不能得到发挥。人们开始意识到采用以街坊、组团甚至单栋楼宇作为较小封闭单元，直接与城市沟通，形成开放模式，更加有利于提升生活品质、增强城市的活力和营造多姿多彩的公共生活空间。深圳的万科四季花城、北京的塞洛城、上海的金地格林世界都是比较成功的案例。

当前，我国市场化成熟期的居住区规划呈现多样性特征，主要包括以下五个方面。

1. 居住环境质量成为居住区规划的核心

住房制度改革使得购房者的需求对规划设计的影响大为提高，个人需求价值取向改变了规划设计的价值取向。随着生活质量的不断提高，居民对居住环境愈发重视，住区的规划设计也围绕环境做文章，表现出以下做法。

（1）环境均好性。当代的居住区规划已不再满足于传统的"中心绿地—组团绿地"的环境模式，而更加强调每户的外部环境品质，将环境塑造的重点转向宅间，强调环境资源的均享。同时要求每套住宅都有良好的朝向、采光、通风、视觉景观等条件。

（2）弱化组团，强调整体环境。小区实行物业管理以来，居委会在居住生活方面的管理职能有所弱化，人们更加关注整体环境景观和邻里之间的交往问题。弱化组团使规划获得更大的灵活性，可以更好地整合环境资源，如中心绿地空间可以扩大到一定的规模，在休闲健身功能和视觉欣赏方面更加丰富；强调院落空间作为居住区的基本构成单元，为居民提供更加亲近、安全的活动场所，塑造领域感和归属感。

（3）精心处理空间尺度与景观细节。环境景观已经成为居住区的关键要素，景观设计也成了居住区不可缺少的一环。在居住区规划中强调人性化考虑和精细化处理，在空间尺度、环境设施、无障碍设计、材料运用等方面充分满足现代居住的需要，为居住带来新的价值（图1.18）。

2. 汽车成为居住区规划的重点

近20年来，私人小汽车从无到有，已经开始大量进入寻常百姓家庭。妥善解决小汽车的行驶路线和停放问题，减少对居民的干扰已成为居住区规划设计的重点。

3. 公共步行系统更加受到重视

由于社区内机动车的数量与日俱增，公共步行系统的设计在近年来的居住区规划设计中备受关注，和机动车交通组织一样成为规划设计不可忽视的重要内容。公共步行系统不仅包括步行道路本身，还包括与之连接的小区入口、公共绿地、各种公共活动场所和各个院落空间等，有的还营造出宜人的购物广场、步行商业街等人性化的场所，更具功能性和趣味性。步行空间的设置为丰富社区的生活提供了功能多样的驻留场所，这些场所除了其使用功能，对社区的环境也起到了优化和美化的作用，

图 1.18　天津德贤公馆内部空间环境

在很大程度上会影响到小区的整体形象(图 1.19)。

图 1.19　居住区中心景观及步行空间

4. 更加强调居住文化

居住区不仅是生活居住地场所,也是人的精神家园。对生活品位的要求也是居住区规划设计进一步发展的动力之一,越来越多的新建居住区重视居住文化的塑造,形成百花齐放的局面。例如,通过建筑、环境设计,塑造特定生活场景;通过现代简约的规划设计手法,表现出新颖时尚的居住文化;通过开放式的规划手法,使居住区空间与城市空间相互渗透。

5. 公共空间从封闭式管理到对外开放

越来越多的居住区开始以街坊、组团甚至单栋楼宇作为较小的封闭单元,直接与城市沟通。从封闭模式逐步对外开放,更加有利于提升生活品质、增强城市活力和营造多姿多彩的公共生活空间。

1.3 未来社区的建设方向

1. 绿色健康

绿色健康传递的是环境友好的生活方式与可持续发展的理念。步行生活圈首先强调的是各类设施的步行可达。通过用地的集约、紧凑的开发,保持步行生活圈内适度的人口密度,确保社区活力。其次,通过精准有效的设施配置,保持步行可达,营造舒适宜人的步行环境,促进更多的绿色出行。

2. 创新再生

创新再生是指在社区既有空间资源的基础上,通过创新思维和手段重新注入一定的功能,使城市中消极的社区空间焕发活力。积极发展嵌入式空间,深刻挖掘社区旧、微空间使用的多样性。同时,通过组织丰富的社区文化活动,赋予场所人文内涵,激发社区文化的繁荣再生,使得地域文脉通过多种方式得到传承。

3. 包容协调

理想的社区是多元的,容纳着不同类型的居民,有朝九晚五的上班族、活泼嬉闹的儿童、安然从容的老人等,形形色色的群体是社区活力的源泉。对于全体居民来说,不管处于哪一个人生阶段,共同的诉求都是安居乐业,这也是社会和谐的根本。包容协调就是要兼顾不同群体的差异化需求,在步行生活圈中综合考虑多样化的住房类型、全面关怀的社区服务,以及风貌协调、充满人文底蕴的空间环境。

4. 活力开放

活力开放是对中央关于《进一步加强城市规划建设管理工作的若干意见》中提出推广街区制的响应,探索开放街区在步行生活圈的实施途径。现在城市中普遍存在的大街坊住区,在当时有利于快速开发,并形成良好的内部配套,是社会配套资源不足的时代产物。但大规模的封闭小区容易造成街道功能单一、城市支路不连续、公共空间活力不足等问题,已无法适应现代城市开发便捷的内在发展要求。为方便居民生活、促进交通、提升街道品质和活力,鼓励按照不同地区类型,形成尺度宜人、开放混合的社区路网格局。

5. 合作共享

合作共享体现的是将生活圈看作一个共同体,通过分享社区公共的物质资源和精神文化,培养一种共识,通过互动、互助、互补增进物与物之间的关联,以及人与人之间的情感。开放可共享的社会资源,整合可共赢的社区设施,促进资源利用的弹性和效率。同时鼓励居民参与社区营造,建立社区认同和居民合作精神。

1.4 基本概念

城市居住区:简称居住区,指城市中住宅建筑相对集中的地区。

社区:居住于某一特定区域、具有共同利益关系、社会互动并拥有相应的服务体系的一个社会群体,是城市中的一个人文和空间复合单元。

社区生活圈:在适宜的日常步行范围内,满足城乡居民全生命周期工作与生活等各类需求的基本单元,融合"宜业、宜居、宜游、宜养、宜学"多元功能,引领面向未来、健康低碳的美好生活方式。

居住区用地:是城市居住区的住宅用地、配套设施用地、公共绿地以及城市道路用地的总称。

住宅用地:指城市用地分类中的住宅用地(R11、R21、R31),主要包括住宅建筑占地及其附属道路、附属绿地、居民停车场、便民服务设施等用地。

公共绿地:为居住区配套建设可供居民游憩或开展体育活动的公园绿地,即城市用地分类中的公园绿地与广场用地。

中心绿地:各级生活圈及居住街坊内集中设置的、具有一定规模并能开展体育活动的绿地。

绿地率:居住街坊内绿地面积之和与该居住街坊用地面积的比率(%)。附属绿地包括居住街坊用地范围内的中心绿地、宅间绿地等所有进行了绿化的用地,还包括满足当地植树绿化覆土要求、向居民开放的地下或半地下建筑的屋顶绿化,不应包括屋顶、晒台的人工绿地。

停车率:居住区内居民机动车停车位数量与住宅套数的比值。

地面停车率:居民机动车的地面停车位数量与住宅套数的比率(%),在采用停车楼或机械式停车设施时,地面停车位数量仅以单层停车数量计算。

配套设施:对应居住区分级配套规划建设,并与居住人口规模或住宅建筑面积规模相匹配的生活服务设施,主要包括基层公共管理与公共服务设施(A)、商业服务业设施(B)、市政公用设施(U)、交通场站(S4),也包括居住用地内的服务设施(服务5分钟生活圈范围、用地性质为居住用地的社区服务设施,以及服务居住街坊的、用地性质为住宅用地的便民服务设施)。

社区服务设施:5分钟生活圈内,对应居住人口规模配套建设的生活服务设施,主要包括托幼、社区服务及文体活动、卫生服务、养老助残、商业服务等设施;一般集中或分散建设在居住用地的服务设施用地(R12、R22、R32)中。

便民服务设施:居住街坊内住宅建筑配套建设的基本生活服务设施,主要包括物业管理、便利店、活动场地、生活垃圾收集点、停车场(库)等设施;一般在住宅用地上(R11、R21、R31)根据居住人口规模或住宅建筑面积按比例配建。

住宅建筑平均层数:一定用地范围内,住宅建筑总面积与住宅建筑基底总面积的比值所得的层数。

居住区用地容积率:生活圈内,住宅建筑及其配套设施地上建筑面积之和与居住区用地总面积的比值。

住宅用地容积率:居住街坊内,住宅建筑及其便民服务设施地上建筑面积之和与住宅用地总面积的比值。

建筑密度:居住街坊内,住宅建筑及其便民服务设施建筑基底面积与该居住街坊用地面积的比率(%)。

1.5 居住区规划设计的任务与内容

居住区规划设计的任务是科学合理、经济有效地使用土地和空间,遵循经济、适用、绿色、美观的建设方针,确保居民基本的生活条件,规范居住区的规划建设管理,营造一个满足人们日常物质和文化生活需要的舒适、方便、安全、卫生、安宁、优美的环境。

在居住区内,除了布置住宅,还须布置居民日常生活所需的各类配套服务设施、绿地和活动场地、道路广场、市政工程设施等。居住区规划必须根据城市总体规划和近期建设的要求,对居住区内各项建设做好综合的全面安排。居住区规划还必须考虑一定时期国家社会经济发展水平和人民的文化、生活水平,居民的生活需要和习惯,物质技术条件,以及气候、地形和现状等条件,同时应注意远近结合,留有发展余地。

居住区规划设计的内容,主要包含以下八个方面:选择并确定用地的位置、范围(包括改建范围);确定规模,即人口数量和用地的大小(或根据必建地区的用地大小来决定人口的数量);拟定居住建筑类型、层数比例、数量、布置方式;拟定公共服务设施的内容、规模、数量(包括建筑和用地)、分布和布置方式;拟定各级道路的宽度、断面形式、布置方式;拟定公共绿地的数量、分布和布置方式;拟定有关的工程规划设计方案;拟定各项技术经济指标和造价估算。

1.6 居住区规划设计的成果

居住区规划设计的成果,用以指导居住区内各项建筑和工程设施的设计和施工,包含居住区规划图纸、居住区规划说明书、居住区综合技术指标三个方面。

1.6.1 居住区规划图纸

(1)区位图:区域位置图,标明居住区在城市中的位置;区域环境图,反映居住区周边的环境,包括周边用地、规划、现状等。

(2)现状图:用地现状图,图纸须反映地块范围及周边、内部的用地情况,包括现状的建筑、水面、树木等;现状资源分析图,包括自然景观资源、人文资源、交通资源等,依据项目具体特征确定。

(3)用地规划图:反映居住区域内各城市地块的用地性质、占地面积、退界等要求,附用地平衡表。

（4）总平面图：形象地反映建筑、道路、绿地、水体以及其他设施的空间布局。其内容包括建设用地边界各拐点坐标及相邻周边地形；建筑物功能、编号、基底面积、层数、建筑间距，建筑物退让（离界或离线）距离；城市道路坐标、高程、红线宽度；建设用地内道路走向、宽度、出入口位置，地上、地下泊车范围和泊车位，尽端式回车场布置等。

（5）交通规划图：道路交通规划图，标明道路宽度、坡度、控制点坐标、高程、转弯半径，主要道路断面形式，出入口宽度、定位坐标以及无障碍设计等；停车布局图，标明地上、地下泊车范围和泊车位，尽端式回车场布置等。

（6）绿地系统规划图：公共绿地、专用绿地、宅旁绿地、街道绿地的接线和绿地布置，重要绿地应增加景观设计和绿化植物配置图。

（7）配套设施规划图：配套服务设施的功能、位置、用地界线。

（8）基础设施规划图：配套公共基础设施（配电房、煤气调压站、垃圾站等）位置、用地界线。

（9）竖向规划图：进行土方平衡，确定各控制点与建筑物的坐标、地面排水方式、截洪沟位置、挡土墙的形式、高程以及地面的排水方向和坡度等。

（10）管线综合规划图：包括给水、排水、电力、电信、有线电视、燃气管线以及室外消火栓的位置、管径、埋深等。规划内容还包括负荷预测、外部管线现状、地坪标高、排水管道标高、各类管线走向、管线位置、主要管线管径等。

（11）建设时序图：包括建设周期；年度建设计划安排；市政基础设施及公共配套服务设施的建设时间和周期安排等。

（12）日照分析报告和交通影响评价分析报告。

（13）建筑单体选型方案，主要建筑平、立、剖面图。

（14）效果图：包括规划鸟瞰图或规划模型、重要节点和城市界面的透视效果图。

1.6.2 居住区规划说明书

居住区规划说明书的编写，主要包括以下内容。

（1）现状分析：区位、用地、人口、户数、住宅、道路、绿地、公共设施、基础设施等情况。

（2）规划原则、规划结构、规划人口和总体构思。

（3）规划方案分析：用地布局。

（4）空间组织和景观特色要求。

（5）道路和绿地系统规划。

（6）各项专业工程规划及管网综合。

（7）竖向规划。

（8）主要经济技术指标。

1.6.3 居住区综合技术指标

居住区综合技术指标包含以下内容(表 1.1)。

表 1.1 居住区综合技术指标

项目			计量单位	数值	所占比例/(%)	人均面积指标/(m²/人)
各级生活圈居住区指标	居住区用地	总用地面积	hm²	▲	100	▲
		其中 住宅用地	hm²	▲	▲	▲
		其中 配套设施用地	hm²	▲	▲	▲
		其中 公共绿地	hm²	▲	▲	▲
		其中 城市道路用地	hm²	▲	▲	—
	居住总人口		人	▲	—	—
	居住总套(户)数		套	▲	—	—
	住宅建筑总面积		m²	▲	—	—
居住街坊指标	地上建筑面积	用地面积	hm²	▲	—	▲
		容积率	—	▲	—	—
		总建筑面积	m²	▲	100	—
		其中 住宅建筑	m²	▲	▲	—
		其中 便民服务设施	m²	▲	▲	—
		地下建筑面积	m²	▲	▲	—
		绿地率	%	▲	—	—
		集中绿地面积	m²	▲	—	▲
		住宅套(户)数	套	▲	—	—
		住宅套均面积	m²/套	▲	—	—
居住街坊指标	居住人数		人	▲	—	—
	住宅建筑密度		%	▲	—	—
	住宅建筑平均层数		层	▲	—	—
	住宅建筑高度最大控制值		m	▲	—	—
	停车位	总停车位	辆	▲	—	—
		其中 地上停车位	辆	▲	—	—
		其中 地下停车位	辆	▲	—	—
	地面停车位		辆	▲	—	—

注:▲为必列指标。

（1）各级生活圈居住区指标：总用地面积、居住总人口、居住总套（户）数、住宅建筑总面积。

（2）居住街坊指标：用地面积、容积率、地上建筑面积、地下建筑面积、绿地率、集中绿地面积、住宅套（户）数、住宅套均面积、居住人数、住宅建筑密度、住宅建筑平均层数、住宅建筑高度最大控制值、停车位、地面停车位等，其中总建筑面积的住宅部分应细分各类用房的建筑面积，配套设施部分应细分社区管理等各类用房的面积。

加强历史文化遗产保护，传承文明大国历史文化情怀

历史文化遗产承载着中华民族的基因和血脉，不仅属于我们这一代人，也属于子孙万代。考古遗迹和历史文物是历史的见证，必须保护好、利用好。2022 年 1 月 27 日，习近平总书记在山西省晋中市考察调研时指出"历史文化遗产承载着中华民族的基因和血脉，不仅属于我们这一代人，也属于子孙万代。要敬畏历史、敬畏文化、敬畏生态，全面保护好历史文化遗产，统筹好旅游发展、特色经营、古城保护，筑牢文物安全底线，守护好前人留给我们的宝贵财富"。2018 年 10 月 24 日，习近平总书记在广东考察时指出"城市规划和建设要高度重视历史文化保护，不急功近利，不大拆大建。要突出地方特色，注重人居环境改善，更多采用微改造这种'绣花'功夫，注重文明传承、文化延续，让城市留下记忆，让人们记住乡愁"。

历史文化名城所拥有的历史文化遗产，承载着人类自古以来的思想和智慧，对历史文化名城进行保护，是一种对过去时代的纪念和追寻，以及对逝去时代文化代表物品的珍异和欣赏。要增强城市宜居性，引导调控城市规模，优化城市空间布局，加强市政基础设施建设，保护历史文化遗产（习近平，中央财经领导小组第十一次会议，2015 年 11 月）。

历史文化遗产保护的目标是要保护其真实性、完整性和延续性。中共中央办公厅、国务院办公厅《关于在城乡建设中加强历史文化保护传承的意见》指出，在城乡建设中系统保护、利用、传承好历史文化遗产，对延续历史文脉、推动城乡建设高质量发展、坚定文化自信、建设社会主义文化强国具有重要意义。到 2025 年，多层级多要素的城乡历史文化保护传承体系初步构建，城乡历史文化遗产基本做到应保尽保，形成一批可复制可推广的活化利用经验，建设性破坏行为得到明显遏制，历史文化保护传承工作融入城乡建设的格局基本形成。到 2035 年，系统完整的城乡历史文化保护传承体系全面建成，城乡历史文化遗产得到有效保护、充分利用，不敢破坏、不能破坏、不想破坏的体制机制全面建成，历史文化保护传承工作全面融入城乡建设和经济社会发展大局，人民群众文化自觉和文化自信进一步提升。在城市更新中禁止大拆大建、拆真建假；切实保护能够体现城市特定发展阶段、反映重要历史事件、凝聚社会公众情感记忆的既有建筑，不随意拆除具有保护价值的老建筑、古民居；采用"绣花""织补"等微改造方式，增加历史文化名城、名镇、名村（传统村落）、街区和历史地段的公共开放空间，补足配套基础设施和公共服务设施短板。

历史文化是城市的灵魂,要像爱惜自己的生命一样保护好城市历史文化遗产,这是习近平总书记在北京考察时的谆谆教导。他还指出,北京是世界著名古都,丰富的历史文化遗产是一张金名片,传承保护好这份宝贵的历史文化遗产是首都的职责,要本着对历史负责、对人民负责的精神,传承历史文脉,处理好城市改造开发和历史文化遗产保护利用的关系,切实做到在保护中发展、在发展中保护。

复习思考题

1. 简要叙述我国古代居住区的发展历程。
2. 什么是邻里单位?邻里单位有哪 6 个原则?
3. 雷德朋人车分流规划的特点是什么?
4. 新城市主义的发展背景是什么?有哪些原则?
5. 近 30 年来,我国居住区规划具有哪些比较显著的特征?
6. 居住区规划设计的成果主要包含哪些内容?

第 2 章　居住区的类型及设计要求

随着城市与社会生产力的不断发展,居住区及其规划也在发生着变化,城市住宅逐渐从综合性的城市建筑群中分离出来,有规划地建在城市专有用地上,形成了各式各样的居住区。

2.1　居住区的类型

随着居民收入的提高和社会经济的快速发展,一方面,居住需求的差异越来越明显,这种差异不仅体现在支付能力上,也体现在生活方式和功能要求上;另一方面,随着城市规模的扩大,土地的价值和区位条件的差异也在变大。

这些都使得当代城市居住区在类型和形态上趋于多样化,包括以下特征。

(1)居住区形态向高空发展。随着土地价格的上升和高层住宅建造技术的日臻成熟,出现越来越多的高层住宅居住区,在规划上应重点解决密集的建筑、较多的人流和车流与环境的关系。

(2)低密度社区。对居住环境和品质的追求,使低密度社区成为重要的居住类型之一,住宅有独立式(别墅)、双拼、叠拼、多层花园洋房(图 2.1)、联排(图 2.2)等形式,容积率较低。居住区规划时则应更多地关注私属空间的品位和配套服务水平。

图 2.1　多层花园洋房

图 2.2　联排住宅(别墅)

(3)特定需求的居住形态。针对特殊的人群和特定的居住需求,出现了青年社区、老年公寓(图 2.3)、旅游地产项目、颐养住宅、商务综合体等新型居住社区,在规划上往往根据特定的功能要求进行布局和配套,有的突出环境特点,有的突出形象标志。

世纪公馆(一期)
优秀设计

图 2.3　福建省龙岩市冠虹颐养院(老年公寓)

2.1.1　地下住所及覆土住宅

在人类的居住发展史上,地下住所曾是人类早期的首要选择,如玛特玛塔(Matmata)地下村落、卡帕多西亚(Cappadocia)地下城以及我国的窑洞民居等皆为地下住所的典型代表,尤其值得注意的是我国中西部的窑洞民居一直沿用到现在,成为极具地域文化色彩的现代城乡地区地下住所。

我国黄土高原东起太行山,西至祁连山东端,北到长城,南至秦岭,面积约有 63 万平方千米,占整个中国陆地面积的 6.6%。窑洞民居是我国黄土地带特有的一种民居类型,是中国西北黄土高原上居民的古老居住形式,这种"穴居式"民居的历史可以追溯到 4000 多年前。大部分民用洞穴都经过设计和建造来保持长时间的稳固性和安全性。所以直到今天,我国人民仍然利用高原有利的地形,凿洞而居,目前有3500 万～4000 万人口居住在农村和城市群落的窑洞中。窑洞的形式一般有靠崖式、下沉式、独立式等,其中,应用较多的是靠崖式窑洞,它建筑在山坡、塬的边缘处,常依山向上呈现数级台阶式分布,下层窑顶为上层前庭,视野开阔。下沉式窑洞则是就地挖一个方形地坑,再在内壁挖窑洞,形成一个地下四合院。

被称为中国北方的"地下四合院"——地坑窑院,广泛分布于河南三门峡陕县、山西运城、甘肃陇东的庆阳及陕西的部分地区,至今已有 4000 多年的历史。2001 年,河南陕县被中国民协命名为中国地坑窑院文化之乡。2011 年,"地坑院营造技艺"入选第三批国家级非物质文化遗产名录。2014 年,陕县西张村镇庙上村因地坑院分布广泛入选国家住建部首批"中国传统村落"名录。

地坑院这一地下住所的形成既有地质方面的成因,也有气候及社会经济方面的综合影响,其在建筑史上是一种逆向思维的产物,它是利用自然地形进行下沉式的挖掘,建筑与大地融为一体,地面上几乎看不到形迹,"见树不见村,见村不见房,闻声不见人"。这与普遍通用的上竖式材料垒砌,矗立在大地之上的建筑,风格迥然不同,这种构造方式是地坑院最大的价值所在和魅力体现(图 2.4)。

图 2.4　陕州地坑院

地坑院是在黄土层中挖出的居住空间。这种建筑形式从现代绿色生态的角度来看是属于"原生态建筑",从中国古代"天人合一"的哲学思想来看,它是人与大自然和谐相处的典型范例。它没有明显的建筑外观体量,可以认为大自然的山体就是它的体量,原生的自然生态环境风貌就是它的形象。地坑窑院的构思十分巧妙,颇具匠心,由地面下到院落,再经院落进到窑洞,形成收放有序的空间序列。处于地面时,人的视野十分开阔,步入坡道后视野受到约束,再进到院落便又有豁然开朗的感觉,整个空间充满了明暗、虚实、节奏的对比变化。地坑院深入土地之中,融合在自然之内,长天大地一色,院里花开满院,蜂飞蝶舞,院上"车马多从屋顶过",呈现出一派田园之美、自然之美。"中国的黄土窑洞民居建在黄土高原的沿山与地下,是人工与天然的有机结合……有的整个村庄建在地下,是建筑生根于大地的典型代表,其自然风格与乡土气息充分体现了敦厚朴实的性格,乡村住宅应寓于大自然之中,好像是大自然的延续"。

位于南澳大利亚州的 Coober Pedy 地下城,曾是采挖欧珀宝石的报废矿洞,目前仍有 3000～4000 人在此居住。这个地区一年中有 8 个月气温都处于 35～57℃,其他月份晚上的气温又非常低。工人为了能够长期进行挖掘工作,又迫于恶劣的气候条件,于是有了将报废的矿洞改装成居室的想法。据考证,这座地下住所诞生于1915 年,居民由 50 多个不同的民族组成。除未使用的矿洞外,地下住所中已经改造有地下家居、地下教堂、地下陶艺室、地下图书室、地下娱乐场所等(图 2.5)。

在现代城市的发展中,覆土建筑所具有的稳定的内部环境和极具生态性的特点,也吸引了许多现代城市人的目光,营建了许多有名的覆土生态住宅,例如著名的英格兰博尔顿生态房屋、瑞士迪蒂孔覆土生态住宅以及瑞士威尔士山坡上的住宅等(图2.6)。因此从本质上说,覆土住宅从属于生态建筑,是一种区别于纯屋顶绿化的建筑类型。覆土住宅实际上就是指借助土、木、石等天然材料,通过人工营造技术形成的地下或半地下空间,并以覆土的形态展现的生态住宅,其生态化景观特征与传统建筑有着显著区别,在建筑节能、节地、城市防灾、景观绿化等方面具有重要的意义。

图 2.5　南澳大利亚州的 Coober Pedy 地下城

图 2.6　现代地下覆土住宅

2.1.2　乡村住区与城市居住区

在我国 960 多万平方公里的陆域国土用地上,分布着众多不同地域特色和文化风格的乡村住区。这些乡村住区主要分布在非城市区域,与广袤的田野及大自然相伴,从人类的发展轨迹来看,这些乡村住区处于较早的文明阶段,是城市居住区的早期空间形态。

与城市居住区相比,乡村住区具有优越的自然环境条件(图 2.7),与大自然的山山水水相辅相融,居民的生活节奏与地区的生产方式相适应,住区也包含了令人惊奇的丰富内容。总体上来说,乡村住区的类型要比城市居住区丰富得多,其根本原因是乡村与丰富多样的地域风土关系密切,而城市居住区则因为文明的全球化而逐渐缩小了地域差异。乡村住区具有一些类型上的共性,就其形成机制而言,多数是伴随着时间流转的渐次积累,少数有自发生长与协同过程,文化的生长与融合也由此获得一种从容与和缓,是缓慢生活形态的直接体现;就其空间肌理和住宅形态而言,则表现出和谐、统一下的多样性与有机性,常具有一种整体之美;就建筑层数而言,因当时建造手段的手工化而多是低层;就建筑材料而言,则与当地的自然条件高度整合,出现了以木、竹、土、石、砖、贝壳、海草等为主要建筑材料的特色乡村民居,众多的民间智慧随着居住的需要被不断地创造与继承下来。

图 2.7 安徽乡村民居

主要分布在我国胶东半岛的威海、烟台、青岛等沿海地带的海草房,可以说是世界上具有代表性的生态民居之一,海草房在荣成地区更为集中。据考证,海草房从秦、汉至宋、金逐步形成,并在胶东半岛广为流传,到了元、明、清则进入繁荣时期。海草房是在原始石块或砖石块混合垒起的屋墙上,隆起高高的屋脊,屋脊上面是质感蓬松、绷着渔网的奇妙屋顶(图 2.8)。海草房的平面布局与胶东的地理气候条件以及民俗、生活习惯密切相关,由于胶东半岛多为山地和丘陵地区,沿海的居民多选择阳坡、面海、地形较平缓的地方建房,村落多沿山坡横向展开,呈条状布置。以石为墙,海草为顶,外观古朴厚拙,造型、颜色传递着丰富的审美信息,体现了胶东半岛地方特色的宛如童话世界中草屋的民居,是胶东建筑艺术的缩影。

乡村住区与城市发展的关系是错综复杂的,有些乡村住区随着城市用地的不断扩张而居于城市边缘或内部,逐渐成为城市边缘住区或"城中村",也有许多乡村住区随着城市的发展和人口的外迁而渐渐衰落,民居变得破败不堪,甚至出现了文化失语等一系列深层次的问题,还有一小部分因为具有被城市文明赏识的文化价值而发展为旅游景区,通过现代化技术手段的修复,展现出一种充满矛盾的住区形象(图2.9)。

城市居住区是人类文明发展的重要产物,随着每个城市在全球以及区域经济和

图 2.8　极具特色的胶东半岛海草房

南京江宁区黄龙岘村　　　　　　　　　临沂沂南县红石寨村

图 2.9　通过现代化技术手段修复的乡村住区

文化系统内地位的不同,各自的城市居住区也有相应的区别。城市居住区是城市的"底图",受城市中心的辐射影响,并反作用于后者,其建筑密度和建筑强度常与其围绕的城市中心的等级成正相关。以大都市为例,核心商业中心周边的居住区密度与高度相应偏低,一些历史遗留的旧居住区的层数也比较少。越是功能复合的城市中心周边的居住区,其社会与文化内涵越丰富多样(图 2.10)。

图 2.10　青岛城区的居住区

城市居住区的土地利用强度远远高于乡村住区,这是全球化资本主义市场经济与生产方式所催生的,主要源于开发商对利润的追求及其承受的土地价格等压力。

土地的高强度与人口的高密度相互影响,形成具有巨大消耗力与生产力的市场,与产业化的城市历程相辅相成,但也造成了城市与自然的隔离,所以城市居住区的环境质量常常低于乡村住区。

由于人口、资源的大量密集与持续流动,城市居住区的人口组成、社会结构、社会关系和文化背景等都比乡村住区复杂得多,触及宗教、人种、社会平等、文明起源、贫富差距等一系列深层问题,这决定了城市的复杂性。

2.1.3　封闭式居住区与开放式居住区

封闭式居住区明确采用专门的空间与管理方法将自身领域与外界进行一定程度的隔绝。从概念上来讲,该类住区自古存在,山西的王家大院(图 2.11)、乔家大院以及欧洲中世纪的贵族城堡等都是这类住区的早期代表。那时候的封闭是一种贵族化行为,特定的社会群体用以保护自己的地位、利益,并和其他阶层保持距离;与之相比,其他阶层的住区开放度则要高得多。

图 2.11　山西省晋中市灵石县王家大院

在社会整体不稳定或生活方式转换过快的情况下,各类社会群体都会比较紧张,其居住区相互封闭的状况也更为普遍。从文化渊源上看,古代的高墙大院是内向性民族心态的外在物化表达,那时候封闭的只是几十至几百人口,而现在的居住小区动辄几千居民,这种规模扩大化的封闭暗藏了很多社会隐患,对缓和社会阶层间的相互敌视心理非常不利,封闭带来的绝对安全其实并不存在。

相对于封闭式居住区,开放式居住区不采用专门的方法将自身领域与外界进行一定程度的隔绝,目前对开放式居住区的理解可以分为两类。

第一类是自古存在的中下阶层住区、近代厂矿企业所处的居住区以及广大乡村住区等,这些住区最典型的空间特征是住区与外界之间没有围墙隔离,内、外部空间由道路紧密连接,外部人很容易进入住区内部空间。居民间的邻里关系比较紧密,本身就能形成强烈的领域感,不太需要物质化力量进行自我保护,由于这类住区中存在许多潜在的守护者(街坊邻居)对外来人保持着无意识的监控,其内部发生的盗窃等案件较少。该类住区居民的地缘性生活程度越高，住区内的社会支持网络就越发达。居住区的空间格局也能潜在地划定其领域感，不同空间格局具有的领域感各不相同，甚至差别很大。

　　第二类是在近几年我国城市所倡导的开放式社区的建设与改造（图 2.12），《中共中央　国务院关于进一步加强城市规划建设管理工作的若干意见》（2016 年 2 月 6 日）中提出"加强街区的规划和建设，分梯级明确新建街区面积，推动发展开放便捷、尺度适宜、配套完善、邻里和谐的生活街区。新建住宅要推广街区制，原则上不再建设封闭住宅小区。已建成的住宅小区和单位大院要逐步打开，实现内部道路公共化，解决交通路网布局问题，促进土地节约利用"。该文件明确指明了我国新建居住区以及老旧居住区均要逐步实现开放式的住区空间，其主要目的是缓解城市交通矛盾，扩大社区公共服务设施的服务范围。

图 2.12　万年花城万芳园住区

　　对于第二类开放式住区，目前在国内各行业中还存在着不同的看法。

　　有建筑学学者认为，"家"这个概念的心理需求是多层次的，从公共领域到半公共领域，到半私密领域，再到完全私密领域是一个逐渐递进的过程，必须要用有形的建筑手段来满足人们对"家"的多层次心理需求，而无形的东西很难在私密性、心理性需求上形成安全感和认同感。也有人认为，在心理空间这个领域上，围合社区做得更好。因为现在社会竞争很激烈，人们都很忙碌，有这样一个围合安静的社区会让人的心理产生舒适感，而且比较安全。部分规划学者则认为，围合式社区是建筑、环境的整体合一，与中国传统的院落式布局相似，能够创造出一个私密性良好的生活空间。围合式社区的优点在于：首先，它形成有效的社区边界，创造领域感和归属感，符合人的心理需求，"围合"在心理上给人以安全感，有一种自然和谐的气氛；其次，由于"围合式"社区规模较小，容易封闭，儿童能安全地在社区内玩耍，老人也可以随意走动，符合中国人的传统生活习惯，既安全又便于管理。

另外一种看法显然是积极倡导开放式社区的主流意见。比如地产行业内的一些人士认为,传统的大盘可以说已经出现了诸多问题,因为传统的大盘是按照封闭式的社区来做的,一定要有围墙,即便没有围墙也要用房子连接成一个围墙,这样的社区给城市造成巨大的拥堵,没有商业,人们之间也不交往。由于不开放,许多已经建成的大盘现在已经是一种灾难,给城市造成了巨大的伤害。封闭式社区的封闭院落,使小区与外部包括交通、景观在内的沟通变得相对不便,小区之间仅仅停留在表面的相对安全和安静状态,当把它放到城市的总体中去看时,资源的不能共享、景观的互不衔接、道路的各行其是、边边角角都透着过度的"私密",而开放式的社区布局方式,既为社区提供了有层次、有规模的公共空间,同时又增强了人与人之间的交流。

当然,以上两方面的不同看法在一定时期内还会继续存在,我们在开放式社区建设的大背景下应当继续审视以下几个问题:开放的空间与封闭的空间,社区主干道与城市道路的连通,社区内各组团的围合关系,社区安保力量的升级,住区居民的心理感受,社区私密空间与半私密空间的营造,流动摊贩的管理方式,以及居民的公众利益的体现等。

2.1.4 不同住宅层数的居住区

居住区的物质空间形态主要通过建筑来体现,可从多种角度对其进行分析,如材料运用、结构方式、装饰风格、细部手法等,其后隐含着经济、社会、文化、生态等方面的一些重要信息。

《城市居住区规划设计标准》(GB 50180—2018)中,将居住区住宅按照建筑平均层数分为低层(1~3 层)、多层 I 类(4~6 层)、多层 II 类(7~9 层)、高层 I 类(10~18 层)和高层 II 类(19~26 层)共五种类型(图 2.13)。值得注意的是,在该标准中不仅明确了居住街坊用地的住宅用地容积率、建筑密度最大值、绿地率最小值等指标,还对居住街坊用地内的建筑高度进行了控制(表 2.1)。

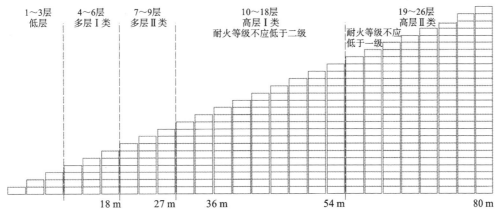

图 2.13 住宅建筑高度的控制

表 2.1　居住街坊用地与建筑控制指标

建筑气候区划	住宅建筑平均层数类别	住宅用地容积率	建筑密度最大值/(%)	绿地率最小值/(%)	住宅建筑高度控制最大值/m	人均住宅用地面积最大值/(m²/人)
Ⅰ、Ⅶ	低层(1~3 层)	1.0	35	30	18	36
	多层Ⅰ类(4~6 层)	1.1~1.4	28	30	27	32
	多层Ⅱ类(7~9 层)	1.5~1.7	25	30	36	22
	高层Ⅰ类(10~18 层)	1.8~2.4	20	35	54	19
	高层Ⅱ类(19~26 层)	2.5~2.8	20	35	80	13
Ⅱ、Ⅵ	低层(1~3 层)	1.0~1.1	40	28	18	36
	多层Ⅰ类(4~6 层)	1.2~1.5	30	30	27	30
	多层Ⅱ类(7~9 层)	1.6~1.9	28	30	36	21
	高层Ⅰ类(10~18 层)	2.0~2.6	20	35	54	17
	高层Ⅱ类(19~26 层)	2.7~2.9	20	35	80	13
Ⅲ、Ⅳ、Ⅴ	低层(1~3 层)	1.0~1.2	43	25	18	36
	多层Ⅰ类(4~6 层)	1.3~1.6	32	30	27	27
	多层Ⅱ类(7~9 层)	1.7~2.1	30	30	36	20
	高层Ⅰ类(10~18 层)	2.2~2.8	22	35	54	16
	高层Ⅱ类(19~26 层)	2.9~3.1	22	35	80	12

资料来源:中华人民共和国住房和城乡建设部,国家市场监督管理总局.城市居住区规划设计标准:GB 50180—2018[S].北京:中国建筑工业出版社,2018.

当住宅建筑采用低层或多层高密度布局形式时,居住街坊用地与建筑控制指标应符合表 2.2 的规定。

表 2.2　低层或多层高密度居住街坊用地与建筑控制指标

建筑气候区划	住宅建筑平均层数类别	住宅用地容积率	建筑密度最大值/(%)	绿地率最小值/(%)	住宅建筑高度控制最大值/m	人均住宅用地面积/(m²/人)
Ⅰ、Ⅶ	低层(1~3 层)	1.0、1.1	42	25	11	32~36
	多层Ⅰ类(4~6 层)	1.4、1.5	32	28	20	24~26
Ⅱ、Ⅵ	低层(1~3 层)	1.1、1.2	47	23	11	30~32
	多层Ⅰ类(4~6 层)	1.5~1.7	38	28	20	21~24
Ⅲ、Ⅳ、Ⅴ	低层(1~3 层)	1.2、1.3	50	20	11	27~30
	多层Ⅰ类(4~6 层)	1.6~1.8	42	25	20	20~22

资料来源:中华人民共和国住房和城乡建设部,国家市场监督管理总局.城市居住区规划设计标准:GB 50180—2018[S].北京:中国建筑工业出版社,2018.

1. 低层居住区

低层居住区一般是指住宅层数在 1～3 层的居住区。低层居住区与人类社会早期以手工劳作为主的技术水平、建造方式有关,加之那时人地关系不紧张,人们对土地的深厚感情和极大依赖,以及传统的居住观念决定了这一时期的住宅层数不会太高。

在现代社会,低层居住区也是很常见的一种居住区类型,其中又分为三种不同的种类。

第一类是城市在不断的发展中因保护需要而遗存下来的低层住宅区(大多位于历史城区或街区内),如安徽合肥市三河古镇民居、北京南锣鼓巷胡同四合院民居、山西平遥古城民居以及分布于全国各地的历史文化传统村落等(图 2.14),这类居住区往往具有非常高的历史文化保护价值,要"让居民望得见山、看得见水、记得住乡愁"(习近平,2013.12),"要处理好传统与现代、继承与发展的关系,让我们的城市建筑更好地体现地域特征、民族特色和时代风貌"(习近平,2014.9)。2014 年中央有关部委联合出台指导意见,提出用 3 年时间,使列入中国传统村落名录的村落文化遗产得到基本保护,具备基本的生产生活条件、防灾安全保障、保护管理机制,逐步增强传统村落保护发展的综合能力。(参考网络视频"航拍安徽宏村,中国画里的乡村",网址为 https://haokan.baidu.com/v?pd=wisenatural&vid=7589693008067607880。)

安徽三河古镇民居　　　　北京南锣鼓巷胡同四合院民居　　　　山西平遥古城民居

图 2.14　传统低层住区

第二类是现在仍然广泛存在于城市与乡村、厂矿企业用地上的老旧住宅区,这些住宅区建造技术比较简单,建筑密度比较高,随着人们生活水平的逐步提高和对居住面积的要求逐渐提升,住宅区内不断填充新的低层住宅,原有的住宅也出现了加层改建的现象。随着城市建设的快速发展,位于城市区域内的这些住宅(即城中村)将被新的多层住宅甚至中高层住宅所替代。

第三类与前述两类低层住宅区具有较大的差别,在现代城市中土地的价值是最高的,在这样的城市用地上开发建设的低层住宅(别墅住宅区),往往土地利用强度和建筑密度均比较低,住宅价格却非常昂贵,对于一般城市居民来说,能够住上这样的住宅,代价是非常巨大的。这些居住区环境优美,管理精细,多位于城郊,也有少量分布于旧城中。历史上比较久远的低层居住区以院落型住宅为主,近30年新建的低层住宅多受到西方文化渗透而采用花园洋房、联排别墅与独立别墅等建造形式(图2.15、图2.16)。

图2.15 位于青岛市西海岸新区滨海地段的某别墅区

图2.16 青岛石湾山庄别墅区

2. 多层居住区

多层居住区一般是指住宅层数在4~9层的居住区,其中多层Ⅰ类(4~6层)是20世纪六七十年代发展起来的最常见的住宅区类型。在用地相对平整的情况下,层数的计算相对比较简单,一般是从底层能够住人的一层算至顶层的层数,也有的住宅将6层以上的空间设计为阁楼层,即6+1层,底层以下也可以再挖一层作为储藏室层或车库层。而位于山地城市中的多层住宅,常常利用地势形成不同的地面层。地势起伏越大,地面层的认定就越复杂。对于这样一座住宅而言,从最底层算起的话可能是5层,但是如果将位置较高的地面层作为一层的话,可能只有3层了。

在我国的大多数多层居住区中,住宅通常采用单元拼接的方式集结为更大的体量,形成某种围合或空间秩序,其中一梯两户型最受欢迎。此外,为了节省空间,也有一梯三户至一梯六户型的。户型的合理与舒适始终是人们关心的方面之一,而外部空间富于变化和有着景观处理的多层居住区也会受到广大购房者的欢迎。我国多层居住区的容积率一般在1.1~1.9,如果容积率较高,多层居住区的外部空间就很难避免呆板和陷入兵营式。

3. 高层居住区

高层居住区的优点是可以节约土地,增加住房和居住人口,如同样的地基建6层住宅与建12层住宅,后者的土地利用率、住房和居住人口可以提高近一倍。尤其是在我国人口密度和建筑密度较高的地区,拆迁的费用很高,动员人口外迁的工作难度很大,但通过建设高层住宅就能较好地处理各方面的矛盾。

高层居住区的住宅一般可以分为单元式高层住宅、塔式高层住宅和通廊式高层住宅。单元式高层住宅是指由多个住宅单元组合而成,每单元均设有楼梯、电梯的高层住宅;塔式高层住宅是指以共用楼梯、电梯为核心布置多套住房的高层住宅;通廊式高层住宅是指以共用楼梯、电梯通过内(外)廊进入各套住房的高层住宅。

当高层住宅的标准层户数一定时,电梯越多,每户的公摊面积越大,建造成本越高。当电梯数量一定时,每层户数越多,则公摊面积越少,经济性较好,但是居民等候电梯的时间成本较高。此外,在高层住宅的建筑设计中,重点要做好每户内各个房间的采光与通风问题,无论是开发商和设计师,都应该解决好经济效益和居住质量之间的矛盾。

从体量上看,高层住宅大致分为板式与点式两种。板式多采用核心体加公共走廊的平面组合模式,点式则多为核心体放射模式。板式高层相对经济,但对城市外围环境产生的压力过大,对风、光、视野的阻挡比较严重(图 2.17),因此一般要求板式高层间距与高度之比为 1:1,甚至更高;点式住宅的间距要求则低很多,平面宽度往往在 40 m 以上,高度为 50～100 m,高宽比为 1.25～2.5。

图 2.17　合肥绿地海德公馆高层住宅

近年来,我国高层、高密度的居住区与日俱增,百米高的住宅建筑也日益增多,对城市风貌影响极大;同时,过多的高层住宅,给城市消防、城市交通、市政设施、应急疏散、配套设施等都带来了巨大的压力和挑战。《中共中央　国务院关于进一步加强城市规划建设管理工作的若干意见》针对营造城市宜居环境提出了“进一步提高城市人均公园绿地面积和城市建成区绿地率,改变城市建设中过分追求高强度开发、高密度建设、大面积硬化的状况,让城市更自然、更生态、更有特色”。因此在新标准(若无其他说明,本书中的新标准是指《城市居住区规划设计标准》(GB 50180—2018))中对居住区的开发强度提出了限制要求,不鼓励高强度开发居住用地及大面积建设高层住宅建筑,在相同的容积率控制条件下,对住宅建筑控制高度最大值进行了控制,由此一来,未来城市居住区的住宅建筑最大高度 80 m 成为常态化,通过合理控制住宅建筑的高度,既可以有效避免住宅建筑群比例失态的“高低配”现象(参见图 2.15),又能够为合理设置高低错落的住宅建筑群留出空间。高层住宅建筑形成的居住街坊由于建筑密度低,应设置更多的绿地空间。

2.1.5 各级生活圈居住区、居住街坊

《中共中央 国务院关于进一步加强城市规划建设管理工作的若干意见》提出了"健全公共服务设施。坚持共享发展理念,使人民群众在共建共享中有更多获得感。合理确定公共服务设施建设标准,加强社区服务场所建设,形成以社区级设施为基础,市、区级设施衔接配套的公共服务设施网络体系。配套建设中小学、幼儿园、超市、菜市场,以及社区养老、医疗卫生、文化服务等设施,大力推进无障碍设施建设,打造方便快捷生活圈"。因此,《城市居住区规划设计标准》(GB 50180—2018)以居民能够在步行范围内满足基本生活需求为基本划分原则,对居住区分级控制规模进行了调整。

居住区的分级是为了落实国家有关基本公共服务均等化的发展要求,为居民科学合理地规划建设各级各类配套设施,以满足居民的基本物质与文化生活需求。根据上文可知,生活圈是以人为本所组织的生活空间,是均衡资源分配、保障社会民生、维护空间公正和组织地方生活的重要工具。且对居住区进行分级控制,有利于对接城市管理体制,便于配套设施的规划建设和运行管理。实际运用中,居住区分级可兼顾城市各级管理服务机构的管辖范围进行划分,城市社区也可结合居住区规划分级划分服务范围、设置社区服务中心(站),这样既便于居民生活的组织和管理,又利于各类设施的配套建设及提供管理和服务,城市社区可根据其服务人口规模对应居住人口规模相同的生活圈,配置各项配套设施。

生活圈居住区的分级,还应以居民能够在步行范围内满足基本生活需求为基本划分原则,以人的基本生活需求和步行可达为基础,对居住区进行分级控制。兼顾主要配套设施的合理服务半径及运行规模,充分发挥其社会效益和经济效益,考虑土地开发强度的差异,划定大致人口规模。不同的居住区开发建设强度,对应的居住人口规模会相差数倍。规模太小,可能造成配套设施运行不经济;规模过大,又会造成配套设施不堪重负,甚至产生安全隐患。

居住区的分级控制应具备两个基本条件:①在适宜的服务半径内,即步行可达,配套设施要达到较好的服务效果,以保障提供优质服务;②具有一定规模的居住人口即服务人口,以利于设置合理规模的设施,保障其运行效率。例如,居民对教育设施的要求,一般认为幼儿园服务半径的控制要求不宜超过300 m,小学服务半径的控制要求不宜超过500 m,中学服务半径的控制要求不宜超过1000 m,该数据已沿用多年,受到居民的普遍认可,结合居民的出行规律,对应300 m、500 m、1000 m的空间活动范围,以此数据作为居住区分级控制规模的参考数据,且其建设规模需根据生活圈的居住人口规模进行配建。

区别于原规范(若无其他说明,本书中的原规范是指《城市居住区规划设计规范》(GB 50180—1993))"居住区—居住小区—居住组团"三级规模控制居住区分级,新标准明确了各级生活圈居住区的含义,采用了"居住街坊—(5分钟生活圈—10分钟

生活圈—15 分钟生活圈)"四级规模控制居住区分级(图 2.18)。"生活圈"通常不是一个具有明确空间边界的概念,圈内的用地功能是混合的,包括与居住功能并不直接相关的其他城市功能,是根据城市居民的出行能力、设施需求频率及其服务半径、服务水平的不同,划分出的不同的居民日常生活空间,并据此进行公共服务、公共资源(包括公共绿地等)的配置。

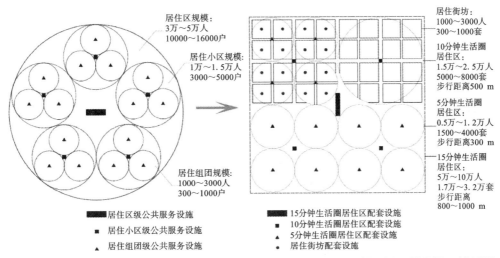

原规范三级规模控制居住区分级:居住组团—居住小区—居住区　新标准四级规模控制居住区分级:居住街坊—(5分钟生活圈—10分钟生活圈—15分钟生活圈)

图 2.18　居住区规模控制分级变化

"生活圈居住区"是指一定空间范围内,由城市道路或用地边界围合,住宅建筑相对集中的居住功能区域;通常根据居住人口规模、行政管理分区等情况可划定明确的居住空间边界,界内与居住功能不直接相关或服务范围大于本居住区的各类设施用地不计入居住区用地。采用"生活圈居住区"的概念,就是以人的步行时间作为设施分级配套的出发点,突出了居民能够在适宜的步行时间内到达相应的设施,满足其生活服务需求,引导配套设施的合理布局,既有利于落实或对接国家有关基本公共服务到基层的政策、措施及设施项目的建设,也可以用来评估旧区各项居住区配套设施及公共绿地的配套情况,如校核其服务半径或覆盖情况,并作为旧区改建时"填缺补漏"、逐步完善的依据。

15 分钟生活圈居住区:以居民步行 15 分钟可满足其物质与生活文化需求为原则划分的居住区范围;一般由城市干路或用地边界线围合,居住人口规模为 50000～100000 人(17000～32000 套住宅),配套设施完善的地区。

10 分钟生活圈居住区:以居民步行 10 分钟可满足其基本物质与生活文化需求为原则划分的居住区范围;一般由城市干路、支路或用地边界线所围合,居住人口规模为 15000～25000 人(5000～8000 套住宅),配套设施齐全的地区。

5 分钟生活圈居住区:以居民步行 5 分钟可满足其基本生活需求为原则划分的居住区范围;一般由支路及以上级城市道路或用地边界线所围合,居住人口规模为

5000～12000 人(1500～4000 套住宅),配建社区服务设施的地区。

居住街坊:由支路等城市道路或用地边界线围合的住宅用地,是住宅建筑组合形式的基本居住单元;居住人口规模为 1000～3000 人(300～1000 套住宅,用地面积 2～4 hm²),并配建便民服务设施。

居住街坊—(5 分钟生活圈—10 分钟生活圈—15 分钟生活圈)居住区分级控制规模见表 2.3。

表 2.3 居住区分级控制规模

距离与规模	15 分钟生活圈居住区	10 分钟生活圈居住区	5 分钟生活圈居住区	居住街坊
步行距离/m	800～1000	500	300	—
居住人口/人	50000～100000	15000～25000	5000～12000	1000～3000
住宅数量/套	17000～32000	5000～8000	1500～4000	300～1000
用地面积规模/hm²	130～200	32～50	8～18	2～4

《中共中央 国务院关于进一步加强城市规划建设管理工作的若干意见》提出优化街区路网结构,加强街区的规划和建设,分梯级明确新建街区面积,推动发展开放便捷、尺度适宜、配套完善、邻里和谐的生活街区。对城市生活街区的道路系统规划提出了明确的要求,指出"树立'窄马路、密路网'的城市道路布局理念,建设快速路、主次干路和支路级配合理的道路网系统"。

新标准明确了居住街坊作为住宅建筑组合形式的居住基本单元,尺度为 150～250 m,相当于原规范的居住组团规模,与原规范不同的是,居住街坊是由城市道路或用地边界围合的。因此居住街坊外围是支路以上的城市道路,对接"小街区、密路网",落实"开放社区"和"路网密度",使居民能够以更短的步行距离到达周边的服务设施或公交站点,同时城市支路的开放与共享有利于缓解城市交通压力(图 2.19)。

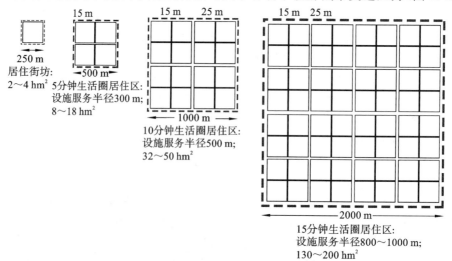

图 2.19 居住街坊—(5 分钟生活圈—10 分钟生活圈—15 分钟生活圈)用地规模

通常情况下,3~4 个居住街坊可组成 1 个 5 分钟生活圈居住区,可对接社区服务;3~4 个 5 分钟生活圈居住区可组成 1 个 10 分钟生活圈居住区;3~4 个 10 分钟生活圈居住区可组成 1 个 15 分钟生活圈居住区;1~2 个 15 分钟生活圈居住区,可对接 1 个街道办事处。

综上所述,新标准对居住区分级规模的管控,主要体现了以下三个方面的因素。

(1)居住区的分级以人的基本生活需求和步行可达为基础,充分体现以人为本的发展理念。

(2)居住区分级兼顾配套设施的合理服务半径及运行规模,以利于充分发挥其社会效益和经济效益。

(3)居住区分级宜对接城市管理体制,便于对接基层社会管理。

2.2　居住区规划设计的基本原则

居住区规划设计应坚持以人为本的基本原则,遵循适用、经济、绿色、美观的建筑方针,围绕城乡居民美好生活需要,合理有效地利用土地空间,坚持保基本和提品质统筹兼顾,在补齐民生短板、确保均衡布局、满足便捷使用的同时,主动适应未来发展趋势,引领全年龄段不同人群的全面发展,促进社区融合,激发社区活力,不断提高人民群众的获得感、幸福感、安全感,塑造"宜业、宜居、宜游、宜养、宜学"的社区"有机生命体"。

1. 系统性原则

符合城市总体规划及控制性详细规划的要求,遵循统一规划、合理布局、节约土地、因地制宜、配套建设、综合开发原则,符合城市设计对公共空间、建筑群体、园林景观、市政等环境设施的有关控制要求。同时延续城市的历史文脉、保护历史文化遗产并与传统风貌相协调。

2. 经济性原则

综合考虑所在地城市性质、社会经济、气候特点、民俗风貌等地方特点和区位环境条件,充分利用基地的自然资源、现状道路、建筑物、构筑物等。以系统思维整合社区资源,按照节约、集约、科学布局、有机衔接和时空统筹等空间治理方法,合理安排各类功能,推进社区各类资源的开发共享和复合利用。

3. 生态可持续性原则

鼓励绿色出行模式,倡导低碳技术应用,应采用低影响开发的建设方式,采取有效措施促进雨水的自然积存、自然渗透与自然净化。增强社区韧性,实现服务设施空间的动态适应和弹性预留,提高社区应对各类灾害和突发事件的事先预防、应急响应和灾后修复的能力,建设安全、低碳的健康社区,促进人与社会、自然的协调发展。

4. 创新性原则

根据不同社区特征,结合资源禀赋,注重文化性、地域性、民族性等元素,加强分类引导、差异管控、特色塑造和有序实施,提供多样化的公共服务、住房、休闲和交往场所等,因地制宜地塑造特色生活圈。

5. 导向性原则

突出问题导向和目标导向,加强现状评估和居民意愿调查,深入分析存在的问题,充分了解居民诉求,统一认识,明确目标,多策并举,缓解生活不便、职住失衡、交通拥堵等城市问题。

2.3 居住区的规划设计目标与要求

青岛文化
艺术小镇

居住区在能够满足城镇居民的居住、休闲等核心功能需求的条件下,还需要满足公共服务和基础设施的高效性,开展环境保护、维持生态过程,具备社会互动等功能,在设计中还涉及使用、卫生、经济、安全、施工、美观等方面的要求。一般情况下,居住区应满足以下具体功能需求。

(1)生理需求:这是最基本的需求,包括新鲜的空气、充足的阳光、良好的通风、没有噪声干扰、冬暖夏凉等。

(2)安全需求:包括个人私生活不受侵犯,避免人身和财产遭受伤害和损失等。

(3)社交需求:人与人的接触、邻里关系、互助友爱等社会交往的需求,是文明社会中必不可少的人类活动。

(4)休闲需求:指的是闲暇时间如何消遣,包括休息、游戏、文艺、体育、娱乐等,由于个人爱好不同,其内容十分广泛。

(5)美的需求:不仅指赏心悦目的景观等环境的美,还指在这样的空间里人们能感到生活的美好,产生一种自豪感,令人自觉地尊重别人并受到别人的尊重。

2.3.1 居住区的规划设计目标

居住区规划设计目标是在"以人为核心"的指导原则下去建立居住区各功能同步运转的正常秩序,谋求居住区整体水平的提高,使居住生活环境达到方便、舒适、安全、优美的要求,以满足人们不断提高的物质与精神生活的需求,并达到社会、经济、环境三者统一的综合效益与持续发展。

1. 方便——人的需要在时间、空间上的分配水平与质量

居住区规划需充分考虑居民生活行为模式与特征、地方习俗以及新生活需求,应做到功能结构清晰、整合有序,用地布局合理,各项用地联系方便;根据居住街坊的用地布置与对外联系,结合自然条件和环境特点,恰当地选择居住街坊的出入口,组织通达顺畅和景观丰富的道路系统,车行人行互不干扰,并有充足、方便的停车设施;公共配套设施完善、布点合理、使用方便;能够为居民社会活动、人际交往以及闲暇时间利用提供场所,同时考虑为残疾人、老幼等特殊人群提供生活和社会活动的便利条件,通过合理的规划设计使居民生活在居住区中获得舒适感、愉悦感、安定感和归属感。

2. 舒适——健康环境与居民生理、心理要求的适应与和谐

居住区规划与设计应充分利用基地的地形、地貌,保护生态环境,强化生态绿地系统的规划建设。选址前应对周边环境进行调查,包括大气、水体、土壤、噪声、振动、辐射、热源、灰尘、垃圾处理等方面,要远离污染源和强烈噪声源;住宅建筑功能质量完善,居住环境有良好的日照、采光、通风条件,无噪声干扰;完善基础设施建设,保持设备或设施先进、生活能源供给充足、生活水质好,无次生污染;具有较高的环境绿化水平、良好的小气候,空气新鲜洁净;在增强自然生态的同时,有条件的应利用太阳能、风能、雨水等自然资源,并对生活有机废弃物中的再生能源进行循环再利用,提高居住区自然平衡能力,使之具有健康舒适、可持续发展的居住环境。

3. 安全——居住区社会环境和居民社会生活的协调与安定,以及居住区各功能系统正常运转的保障

居住区的社会安全应周密考虑安全防卫、物业管理、交通安全、社会秩序、人权保障、邻里关系等;居住区各功能系统要配套完善,保证正常运转及防灾抗灾的能力;规划还需满足领域与归属、私密与交往、认同与识别等生理和心理需求;社区服务(物业管理)是方便居民生活,创造环境优美、高度文明居住区的必要条件,也是创造温馨、安全家居环境的重要环节,居住区的空间组织应有利于安全防范,交通布局要考虑安全,同时还能为居民排忧解难,消除后顾之忧,使人们安居乐业。

4. 优美——人与视觉环境的情境沟通与交融

居住区的环境景观应赏心悦目,建筑形式与环境协调,并具有特色;空间富于层次和变化,有利于提高土地利用率,丰富建筑空间环境,合理运用附近的住宅和建筑物与其组成开放、封闭或轴线式的各种空间,达到绿化和建筑交织、色调和谐的效果;整个居住环境统一完整,组织好公共空间系统,具有较高的文化品位和审美境界,使居民尤其是少年儿童有良好的成长环境,潜移默化地培养品格、陶冶情操。

2.3.2　居住区的规划设计要求

1. 基本要求

《中共中央　国务院关于进一步加强城市规划建设管理工作的若干意见》在总体要求中提出"贯彻'适用、经济、绿色、美观'的建筑方针,着力转变城市发展方式,着力塑造城市特色风貌,着力提升城市环境质量",并针对强化城市规划工作明确提出"创新规划理念,改进规划方法,把以人为本、尊重自然、传承历史、绿色低碳等理念融入城市规划全过程"。

(1)依据《中华人民共和国城乡规划法》的有关规定,居住区的规划设计及相关建设行为,应符合城市总体规划,并应遵循控制性详细规划的有关控制要求。

(2)应符合所在地气候特点与环境条件、经济社会发展水平和文化习俗。居住区规划建设是在一定的规划用地范围内进行的,对其各种规划要素(如建筑布局、住宅间距、日照标准、人口和建筑密度、道路、配套设施和居住环境等）的考虑和确定，均与所在城市的地理位置、建筑气候区划、用地现状及经济社会发展水平、地方特色、文化习俗等密切相关。在规划设计中应充分考虑、利用和强化已有特点和条件，为整体提高居住区规划建设水平创造条件。

（3）应遵循"统一规划、合理布局，节约土地、因地制宜，配套建设、综合开发"的原则。居住区规划建设应遵循《中华人民共和国城乡规划法》提出的"合理布局、节约土地、集约发展和先规划后建设，改善生态环境，促进资源、能源节约和综合利用，保护耕地等自然资源和历史文化遗产，保持地方特色、民族特色和传统风貌，防止污染和其他公害，并符合区域人口发展、国防建设、防灾减灾和公共卫生、公共安全的需要"的原则。

（4）应为老年人、儿童、残疾人的生活和社会活动提供便利的条件和场所（图2.20）。截至2022年底，我国60岁以上老年人口已达28004万人，占总人口的19.8%。根据第六次全国人口普查数据，我国0～14岁人口为22245万人，占总人口的16.6%，残疾人口为8502万人，其中肢体伤残者有相当大的比例。为老年人、儿童、残疾人提供活动场地及相应的服务设施和方便、安全的居住生活条件以及无障碍的出行环境等，使老年人能安度晚年、儿童能快乐成长、残疾人能享受国家和社会给予的生活保障，营造全龄友好的生活居住环境是居住区规划建设不容忽视的重要问题。如居住区内的绿地宜引导、服务居民，尤其是老年人和残疾人的康复花园建设，康复花园一般用作植物栽培和园艺操作活动，例如栽培活动、植物陪伴、感受植物、采收成果等对来访者实现保健养生的作用。

图2.20 天津某居住区儿童公园及老年人活动广场

（5）应延续城市的历史文脉、保护历史文化遗产，并与传统风貌相协调（图2.21）。

（6）应采用低影响开发的建设方式，并应采取有效措施促进雨水的自然积存、自然渗透和自然净化。为提升城市在适应环境变化和应对自然灾害等方面的能力，提升城市生态系统功能和减少城市洪涝灾害的发生，居住区规划应充分结合自然条件、现状地形地貌及河湖水域进行建筑布局，充分落实海绵城市有关雨水的自然积存、自

图 2.21　北京观塘别墅

然渗透、自然净化等建设要求,采用渗、滞、蓄、净、用、排等措施,更多地利用自然的力量控制雨水径流,同时有效控制面源污染。

(7) 应符合城市设计对公共空间、建筑群体、园林景观、市政等环境设施的有关控制要求。居住用地是城市建设用地中占比最大的用地类型,因此住宅建筑是对城市风貌影响较大的建筑类型。居住区规划建设应符合所在地城市设计的要求,塑造特色、优化形态、集约用地。没有城市设计引导的建设项目应运用城市设计的方法,研究并有效控制居住区的公共空间系统、绿地景观系统以及建筑高度、体量、风格、色彩等,创造宜居的生活空间,提升城市环境质量。

2. 安全要求

居住区是城市居民居住、生活的场所,应选择在安全、适宜居住的地段进行建设,选址的安全性、适宜性规定是居民安全生活的基本保障。

(1) 山洪、滑坡和泥石流等灾害是我国自然灾害造成人员伤亡的重要灾种,发生频率十分频繁,每年都会造成大量人员伤亡和财产损失,因此,居住区不得在有滑坡、泥石流、山洪等自然灾害威胁的地段进行建设。

(2) 危险化学品及易燃、易爆品等危险源是城市的重要危险源,一旦发生事故,影响范围广、居民受灾程度严重,因此,居住区与危险化学品及易燃、易爆品等危险源的距离,必须满足国家对该类危险源安全距离的有关规定,可通过设置绿化隔离带等方式确保居民安全。

(3) 存在噪声污染、光污染的地段,应采取相应的降低噪声和光污染的防护措施。噪声和光污染会对人的听觉系统、视觉系统和身体健康产生不良影响,降低居民的居住舒适度。邻近交通干线或其他已知固定设备产生的噪声超标、公共活动场所某些时段产生的噪声、建筑玻璃幕墙日间产生的强反射光或夜景照明对住宅产生的强光,都可能影响居民休息、干扰居民正常生活。因此,建筑的规划布局应采用相应的措施加以防护或隔离,降低噪声和光污染对居民产生的不利影响。如尽可能将商业、停车楼等对噪声和光污染不敏感的建筑临靠噪声源、遮挡光污染,也可采用设置土坡绿化、种植大型乔木等隔离措施,降低噪声和光污染对住宅建筑的不利影响(图

2.22)。

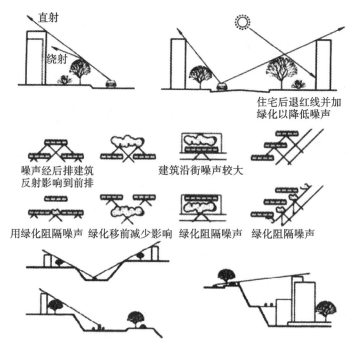

图 2.22 住宅建筑降低噪声措施

（4）土壤存在污染的地段，必须采取有效措施进行无害化处理，并应达到居住用地土壤环境质量的要求。依据环境保护部《污染地块土壤环境管理办法（试行）》（2016 年 12 月 31 日环境保护部令第 42 号公布，自 2017 年 7 月 1 日起施行）有关要求，需要对拟开发利用为居住用地的污染地块，实施以安全利用为目的的风险管控。在有可能被污染的建设用地上规划建设居住区时，如原二类以上工业用地改变为居住用地时，需对该建设用地的土壤污染情况进行环境质量评价，土壤环境调查与风险评估确定为污染地段的，土地使用权人必须采取有效措施进行无害化治理和修复，在符合居住用地土壤环境质量要求的前提下，才可以规划建设居住区。未经治理或者治理后检测不符合相关标准的，不得用于建设居住区。

3. 安全管控要求

应急避难场所和疏散通道是城市综合防灾设施的重要组成部分，是应对灾害、保障居民人身安全的必要设施。居住区规划布局应统筹其道路、公共绿地、中小学校、体育场馆、住宅建筑以及配套设施等公共空间的布局，满足居民应急避难和就近疏散的安全管控要求。在突发灾害时，承担疏散通道或救援通道的居住区道路应能够满足居民安全疏散以及运送救援物资等要求，并设置相应的引导标识。

4. 其他要求

（1）关于配套设施及公共绿地。

配套设施及公共绿地应根据居住区分级控制规模所对应的居住人口规模进行配置,并满足不同层级居民日常生活的基本物质与文化需求。因此,新标准规定:新建居住区应满足统筹规划、同步建设、同期投入使用的要求;旧区可遵循规划匹配、建设补缺、综合达标、逐步完善的原则进行改造。

对于新建居住区,应全面执行新标准的规定。城市规划可综合考虑城市道路的围合、居民步行出行的合理范围以及城市管理辖区范围划分各级居住区,并对应居住人口规模规划布局各项配套设施和公共绿地。在实际应用中,15 分钟生活圈居住区及 10 分钟生活圈居住区往往是对居住用地进行进一步规划控制的依据,如在总体规划、分区规划和控制性详细规划中将与居住人口规模、服务半径对应的配套设施根据环境条件、服务范围进行规划布局,确定主要配套设施、绿地系统和道路交通组织形式,形成完整的居住区分级配套体系;在详细规划阶段,对于 5 分钟生活圈居住区及居住街坊,应根据其居住人口规模及建筑容量,规划设置相应的配套设施及公共绿地。

旧区是指经城市总体规划划定或地方政府经法定程序划定的特殊政策区中的既有居住区。旧区改建时,应按照新标准进行管控。土地开发强度的增加将导致建筑容量及人口密度的增加,规划管理与控制性详细规划应根据居住区规模分级进行配套设施承载能力综合评估,并提出规划控制要求,如依据配套设施的承载能力合理控制新增居住人口的数量及新增住宅建筑的规模,或对应居住人口规模规划建设配套设施及公共绿地,保障居住人口规模与配套设施的匹配关系;但配套设施的规划建设,可根据实际情况采用分散补齐的方式达到合理配套的效果。当既有建筑改造项目的建设规模小于居住街坊时,应在更大的居住区范围内进行评估,统筹校核配套设施及公共绿地,并按规定进行配建管控。

（2）关于历史文化(建筑)保护与建设。

涉及历史城区、历史文化街区、文物保护单位、历史建筑的居住区规划设计、住宅建筑设计,及其新建、改建、扩建工程等行为,必须遵守国家、地方有关保护规划与建设规定。

（3）关于低影响开发。

《中共中央　国务院关于进一步加强城市规划建设管理工作的若干意见》指出,"充分利用自然山体、河湖湿地、耕地、林地、草地等生态空间,建设海绵城市,提升水源涵养能力,缓解雨洪内涝压力,促进水资源循环利用。鼓励单位、社区和居民家庭安装雨水收集装置。大幅度减少城市硬覆盖地面,推广透水建材铺装,大力建设雨水花园、储水池塘、湿地公园、下沉式绿地等雨水滞留设施,让雨水自然积存、自然渗透、自然净化,不断提高城市雨水就地蓄积、渗透比例"。

根据《国务院办公厅关于推进海绵城市建设的指导意见》(国办发〔2015〕75 号)和《住房城乡建设部关于印发海绵城市专项规划编制暂行规定的通知》(建规〔2016〕50 号)的要求,"编制城市总体规划、控制性详细规划以及道路、绿地、水等相关专项规划时,要将雨水年径流总量控制率作为其刚性控制指标"。编制或修改控制性详细规划时,应依据海绵城市专项规划中确定的雨水年径流总量控制率等要求,并根据《海绵城市设计指南》的有关要求,结合所在地实际情况,落实雨水年径流总量控制率等指标。

基于海绵城市"小雨不积水、大雨不内涝"的建设要求,居住区的规划建设应充分结合建筑布局及雨水利用、防洪排涝,有效组织雨水的收集与排放,形成低影响开发的雨水系统。同时,居住区还应按照上位规划的排水防涝要求,预留雨水蓄滞空间和涝水排除通道,满足内涝灾害防治的要求;应采用自然生态的绿色雨水设施、仿生态化的工程设施以及灰色基础设施,降低城市初期雨水污染,满足面源污染控制的要求;应做好雨水利用的相关规划设计,配套滞蓄设施,满足雨水资源化利用的要求。

(4)关于地下空间开发。

地下空间开发利用是节约集约利用土地的有效方法,"城市地下空间的开发和利用,应当与经济和技术发展水平相适应,遵循统筹安排、综合开发、合理利用的原则,充分考虑防灾减灾、人民防空和通信等需要,并符合城市规划,履行规划审批手续"(《中华人民共和国城乡规划法》第三十三条)。因此,居住区地下空间的开发利用应因地制宜、统一规划、适度开发,合理控制用地的不透水面积,为雨水的自然渗透、净化以及地下水的补给、减少径流外排留足所需的土壤生态空间。本书将在第8章中对居住区地下空间开发利用进行详细论述。

(5)关于工程管线综合及用地竖向设计。

居住区的工程管线规划设计应符合现行国家标准《城市工程管线综合规划规范》(GB 50289—2016)的有关规定;居住区的竖向规划设计应符合现行行业标准《城乡建设用地竖向规划规范》(CJJ 83—2016)的有关规定。

2.4 居住区规划设计基础资料

居住区的规划设计要从居民的基本生活需求来考虑,为了创造一个方便、安全、经济、美观的居住区环境,应该在规划设计前期对国家政策、法律、规范性资料,自然及人文地理资料,地质及水文条件等进行广泛的调查与论证,特别是在居住区用地的选择上,由于关系到城市的功能布局、居住环境以及景观组织等方面,尤其需要慎重对待。

居住区规划设计所需要调研与收集的基础资料简述如下。

2.4.1 国家政策、法律、规范性资料

国家政策、法律、规范性资料包括以下几点。

(1)城乡规划法规及相关政策,如《中华人民共和国城乡规划法》《国务院办公厅关于推进海绵城市建设的指导意见》(国办发〔2015〕75号)、《住房城乡建设部关于

印发海绵城市专项规划编制暂行规定的通知》(建规〔2016〕50 号)、《海绵城市设计指南》、《"十四五"城乡社区服务体系建设规划》、《国务院安委会办公室关于开展电动自行车消防安全综合治理工作的通知》(安委办〔2018〕13 号)、《电动汽车充电基础设施发展指南(2015—2020 年)》、《国务院关于加快发展养老服务业的若干意见》(国发〔2013〕35 号)、《国务院办公厅关于推进养老服务发展的意见》(国办发〔2019〕5 号),以及地方性政策与文件等。

(2)《城市居住区规划设计标准》(GB 50180—2018)。

(3)其他现行工程相关规范,如《城市用地分类与规划建设用地标准》(GB 50137—2011)、《城市工程管线综合规划规范》(GB 50289—2016)、《城乡建设用地竖向规划规范》(CJJ 83—2016)、《建筑设计防火规范》(GB 50016—2014)、《建筑抗震设计规范》(GB 50011—2010)、《城市综合交通体系规划标准》(GB/T 51328—2018)、《建筑气候区划标准》(GB 50178—1993)、《无障碍设计规范》(GB 50763—2012)、《声环境质量标准》(GB 3096—2008)、《建筑地面设计规范》(GB 50037—2013)、《城镇老年人设施规划规范》(GB 50437—2007)、《社区老年人日间照料中心建设标准》(建标 143—2010)、《城市社区服务站建设标准》(建标 167—2014)等。

(4)城市总体规划、分区规划、控制性详细规划等。

(5)居住区规划设计任务书等。

2.4.2　自然及人文地理资料

自然及人文地理资料包括以下几点。

(1)地形图:区域位置地形图(比例尺 1∶5000 或 1∶10000),建设基地地形图(比例尺 1∶500 或 1∶1000)。

(2)气象:风象(风向、风速、风玫瑰图),气温(绝对最高、最低气温,最热日、最冷日的平均气温),降水,云雾及日照,空气湿度、气压、雷击、空气污染度,地区小气候等。

(3)工程地质:地质构造、土的特征及允许承载力,地层的稳定性(如滑坡、断层、岩溶等),地震情况及烈度等级。

(4)水源:地面水,地下水,城市给水管网供水。

(5)排水:排入河湖,排入城市排水管网,排入污水清洁度要求。

(6)防洪:历史最高洪水位(百年一遇洪水位、五十年一遇洪水位),所在地区对防洪的要求和采取的措施。

(7)道路交通:邻接车行道等级、路面宽度和结构形式,接线点坐标、标高和到达接线点的距离,公交车站位置、距离。

(8)供电:电源位置、引入供电线的方向和距离,线路敷设方式,有无高压线经过。

(9)人文资料:基地环境特点(建筑形式、环境景观、近邻关系等),人文环境(文物古迹、历史传闻、地方习俗、民族文化等),居民、政府、开发、建设等各方要求,以及各类建筑工程造价、群众经济承受能力等。

2.4.3 地质及水文条件

地质及水文条件包括以下几点。

(1)冲沟:是由间断流水在地表冲刷形成的沟槽,在冲沟发育地带,水土的流失给建设带来很大的困难。

(2)崩塌:山坡、陡岩上的岩土体,受风化、地震、地质构造变动或因施工等影响,在重力作用下,突然脱离母体崩落、滚动、堆积在坡脚(或沟谷)的地质现象。

(3)滑坡:斜坡上的土体或者岩体,受河流冲刷、地下水活动、雨水浸泡、地震及人工切坡等因素影响,在重力作用下,沿着一定的软弱面或者软弱带,整体地或者分散地顺坡向下滑动的自然现象。

(4)断层:岩层受力超过岩石本身强度时,岩层的连续整体性被破坏而产生断裂和显著位移的现象。

(5)岩溶:即喀斯特,是水对可溶性岩石(碳酸盐岩、石膏等)进行以化学溶蚀作用为主,流水的冲蚀、潜蚀和崩塌等机械作用为辅的地质作用,以及由这些作用所产生的现象的总称。

(6)地震:又称地动、地振动,是地壳快速释放能量过程中造成的振动,其间会产生地震波的一种自然现象。

(7)洪水:由暴雨、急骤融冰化雪、风暴潮等自然因素引起的江河湖海水量迅速增加或水位迅猛上涨的水流现象。

居住区规划建设应选择适于各项建筑工程所需要的地形和地质条件的用地,避免上述不良条件的危害,以节约工程准备和建设的投资。此外,居住区用地范围及其周边用地的水文地质条件也须要详细勘察、调研,包括地下水的补给、埋藏、径流、排泄、水质和水量等,以了解区域内有关地下水的形成、分布和变化规律等。一个地区的水文地质条件是随自然地理环境、地质条件以及人类活动的影响而变化的,居住区建设等各项城市建设均必须查明水文地质条件。

弘扬爱国主义,增强民族自豪感

爱国主义是中华民族的光荣传统,中华儿女一直高举爱国的旗帜。

爱国,是人世间最深层、最持久的情感。爱国主义是热爱和忠于自己祖国的思想、感情和行为的总和,是对待祖国的一种政治原则和道德原则。在中华民族绵延五千年的血脉中,爱国主义自古以来就是流淌其中的主旋律。五四运动,一批青年先锋挺身而出,奏响了浩气长存的爱国主义壮歌,使这种去不掉、打不破、灭不了的精神得到新的升华。正是因为高举爱国主义的伟大旗帜,中国人民和中华民族才能够在改造中国、改造世界的拼搏中迸发出排山倒海的历史伟力。2020年至2022年同新冠肺炎疫情的斗争,让我们看到,危急关头迸发出的炽热而深沉的爱国情怀,凝聚起团结抗疫的伟力,回荡在中华文明历史的深处,激荡在每个中华儿女的心里。爱国主义是具体的,不是抽象的;是生动的,不是空泛的。中国共产党成立以来,祖国的命运和党的命运、社会主义的命运紧紧相连,密不可分。当代中国,爱国主义的本质就是坚持爱国和爱党、爱社会主义高度统一。只有坚持爱国和爱党、爱社会主义相统一,爱国主义才是鲜活的、真实的。对每一个中国人来说,爱国是本分,也是职责,是心之所系、情之所归。爱国,不能停留在口号上,应当把自己的理想同祖国的前途、把自己的人生同民族的命运紧密联系在一起,扎根人民,奉献国家。(摘自:2019 年 4 月 30 日习近平在纪念五四运动 100 周年大会上的讲话)

在北京紫禁城的一段轴线上,自南向北分别经过的外部空间是:①千步廊—②天安门广庭—③端门前院—④午门前千步廊—⑤太和门前院—⑥太和殿前院。通过观察可以发现,自最南端的千步廊到最北端的太和殿前院,院落空间的形态在发生不断的变化,包括空间的方向、空间的围合方式、空间的规模等,而与此相伴的是人在不同形态空间中获得的空间感受:最南端的千步廊以强烈的方向性使人产生向前运动的感受;继而由于视线在天安门广庭前突然打开,获得强烈的震撼;在穿过天安门进入端门前院后,由于该院落的正方形平面和较为封闭的特点,使人的心情归于内敛或平静;进入在午门前的千步廊空间中再次感受到强烈的空间方向性;接下来的太和门前院又以横向展开的形态使人豁然开朗;最终进入太和殿前院,达到情感上的高潮。综合以上所说,我们可以用"有所变化的情感空间序列"来表征紫禁城的空间艺术特色。

近代以来,不少西方学者对中国传统建筑抱有偏见,其原因是:它们更多的是将目光聚焦在建筑单体上,从而得出"中国建筑千篇一律,自太古至今,毫无进步"的结论。但是,当我们对紫禁城的空间序列进行分析之后,你会发现:在这条轴线上,建筑单体的形态确实没有发生跳跃性的变化,但是,院落的形态和空间感受却一直在发生充满节奏性的改变,直至把人送往太和殿之前的情感高潮。这就像是一部文学作品,有起始、有发展、有转折、有高潮,又像是传统的中国画轴,必须在徐徐打开的过程中,方能体会到整个建筑组群在空间感受上的跌宕起伏。

或许我们可以得到这样一个结论:与西方人聚焦于建筑单体的方法不同,中国人更多的是将设计的目光投放到建筑外部空间,也就是院落;西方人强调以巨大的单体建筑体量和足够的形体变化冲击人的视觉,而中国人更强调以虚空的院落,在渐进的过程中,让人体会到外部空间与情感的变换。因此,西方建筑艺术处理的重点在于单体,而中国建筑艺术处理的重点在于群体外部空间。懂得这一点,不仅可以深入理解空间序列的意义,更可以打破民族虚无,树立我们的文化自信,增强民族自豪感。(参考网络视频"平遥古城——中国现存最完整的古城",网址为 https://haokan.baidu.com/v? pd=wisenatural&vid=18218018715028749834。)

复习思考题

1. 居住区一般有哪些类型？

2. 简述低层居住区、多层居住区和高层居住区的主要特征。

3. 生活圈居住区是怎样分级的？各级生活圈居住区的分级控制规模怎样控制？

4. 简述15分钟生活圈居住区、10分钟生活圈居住区、5分钟生活圈居住区以及居住街坊的概念。

5. 居住区的规划设计目标是什么？

6. 居住区规划设计有哪些要求？

7. 居住区规划设计需要调研与收集的基础资料有哪些？

第3章 居住区的规划布局与用地规划

居住区的规划布局和用地规划与居住区的功能息息相关,是根据功能要求,解决住宅与道路、绿地、公共服务设施等相互关系而采取的组织方式。居住区作为城市用地的组成部分,随着社会、经济、科技的发展,管理体制会改变,空间布局也会不断变化。从体制上来看,居住区是城市辖区内一个行政区划,具有"居住区—居住小区—居住组团"三级结构(新标准颁布之前);从空间上来看,居住区是城市空间的一个层次或节点,讲的是 15 分钟、10 分钟、5 分钟生活圈居住空间(新标准颁布之后)。

按照新标准的规定,生活圈居住区范围内通常会涉及不计入居住区用地的其他用地,主要包括企事业单位用地、城市快速路和高速路及防护绿带用地、城市级公园绿地及城市广场用地、城市级公共服务设施及市政设施用地等。

3.1 居住区的规划布局概述

居住区规划结构,是根据居住区的功能要求,综合解决住宅与公共服务设施、道路、公共绿地等的相互关系而采取的组织形式,建立一个整体的设计框架,在此基础上,对居住区的概念、形态等方面,形成多种布局模式,提升城市居民的生活环境品质,打造符合现代生活模式的居住区。

规划结构的研究、调整与确定是一项包含创造性活动的工作过程,规划结构本身不存在固定的模式。在观念、概念、系统、形态和布局方面,建立一个以改善并提高居住生活环境品质、促进社区发展、使居住区在物质和非物质层面均能适应现代生活需求为目标的引导准则,以实现社会、经济和环境综合高效的目标,是居住区规划设计结构层面上的工作内容和目的。规划结构应该包含规划对象全部的构成要素,反映各要素在构成配置与布局形态方面的内在和相互间的基本关系,可采用定量要素用图表、定性要素用文字,空间形态方面用图形的表现方式。

《城市居住区规划设计标准》(GB 50180—2018)中,用 15 分钟生活圈居住区、10分钟生活圈居住区、5 分钟生活圈居住区和居住街坊作为居住区的分级结构(图 3.1),取代了沿用多年的"居住区—居住小区—组团"三级分级模式。规划目标和思维方式的调整,使得生活圈居住区规划成为我国城市发展进入转型时期的客观要求。

2016 年,上海开展了 15 分钟社区生活圈的研究,并提出了《上海市 15 分钟社区生活圈规划导则(试行)》。上海的生活圈分为 3 个层次:解决职住平衡的宜业圈、提供地区服务的宜游圈,以及承担社区服务的宜居圈。其中宜居圈即 15 分钟社区生活

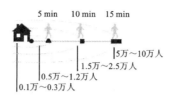

图 3.1　居住区规划分级结构示意图

圈。15分钟社区生活圈围绕"以人为本"的发展理念和社区治理的工作方式两大核心,是上海打造社区生活的基本单元,即在15分钟步行可达范围内,配备生活所需的基本服务功能与公共活动空间,形成安全、友好、舒适的社会基本生活平台。15分钟社区生活圈以规划标准和指引的方式,将生活圈的概念落实为具体化、可操作的方法,生活圈一般范围在 3 km² 左右,常住人口 5 万～10 万人,营造兼具环境友好、设施充沛、活力多元等特征的社区生活圈,体现了上海作为特大城市精细化管理背景下打造社区生活圈的全视角理解(图 3.2)。

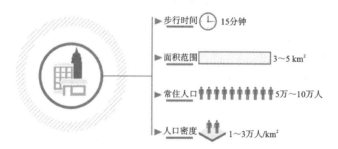

图 3.2　15 分钟社区生活圈示意图
(来源:《上海市 15 分钟社区生活圈规划导则》(试行))

　　生活圈居住区的实质是如何将居民活动空间与城市公共服务圈重叠,在一定居民日常活动范围内配备生活所需的基本服务功能与公共活动空间。生活圈居住区的构成基础是个体居民与服务设施在时间、空间上互动形成的活动模式。生活圈居住区划分需重点关注以下几个方面:各城市可根据面临的具体问题,构建不同重点的生活圈体系;通过交通、设施以及公共空间的分层级衔接,形成各层次生活圈;鼓励政府—市场—公众—社团的协同工作,引入不同程度、不同形式的公众参与,培养社区共识,形成以社区范围为主的生活圈。生活圈居住区的提出是城市规划工作适应时代发展的重要举措,也标志着新时代居住区规划理念和方法的重要转型。

3.1.1　居住区(居住街坊)的规划布局

　　居住街坊是构成居住区的基本单位,居住区是由若干个居住街坊配合公用服务

设施用地组成的,若干个居住街坊间布局是相互协调和相互制约的。居住区的布局
形态受多方面因素的影响,如气候、地形、地质、现状条件以及选用的住宅类型等,因
而会形成各种不同的布局方式。例如:地形平坦的地区,布局排列相对整齐、有规律,
朝向近乎一致;山地、丘陵地区需要结合实际地形灵活布局,形态多以自由排布为主,
或沿等高线、道路走势布置,对日照、朝向要求并不严格。居住区的住宅用地的形状、
周围道路的性质和走向,现有的房屋、道路、公共设施在规划中如何利用、改造,以及
新旧建筑之间如何结合,都会影响居住区的布局形态。

1. 布局原则

居住区(居住街坊)的规划布局,应综合考虑周边环境、路网结构、配套设施与住
宅布局、群体组合、绿地系统环境等的内在联系,构成一个完善的、相对独立的有机整
体,并应遵循下列原则。

(1)方便居民生活,利于安全防卫和物业管理。

(2)组织与居住人口规模相对应的公共活动中心,方便经营、使用和社会化服
务。

(3)合理组织人流、车流和车辆停放,创造安全、安静、方便的居住环境。

2. 居住区的规划布局形式

从城市空间的角度来讲,居住区是城市空间的重要层次与节点,上通城市、下达
居住街坊,直至住宅内外空间,各空间层次有不同尺度与形态。

居住区的规划布局形式可以和行政体制结构区划一致,也可不一致,相一致的情
况较普遍,尤其在我国有着严密组织的社会,居住区规划及有关法规与各级行政区划
的关联十分紧密。在“(15 分钟—10 分钟—5 分钟)生活圈居住区—居住街坊”布局
中,可参考原居住区规划布局的形态,主要包括以下形式:片块式布局、轴线式布局、
向心式布局、围合式布局、集约式布局、隐喻式布局(表 3.1)。

表 3.1　居住区的规划布局形式

布局形式	特点及应用情况	示例图
片块式	特点:住宅建筑在尺度、形体、朝向等方面具有较多相同的因素,并以日照间距为主要依据建立起紧密联系的群体,它们之间不强调主次等级,成片、成块布置 应用:各级生活圈、居住街坊成片规划建设 未来发展:密路网小街区 案例:上海曲阳新村居住区	

布局形式	特点及应用情况	示例图
轴线式	特点:空间轴线或可见或不可见,可见者常由线性的道路、绿带、水体等构成,但无论轴线虚实,都具有强烈的聚集性和导向性。可以将一定的空间要素沿轴线布置,或对称或均衡,形成具有节奏的空间序列,起到支配全局的作用 应用:居住街坊 案例:绿地长春南部新城	
向心式	特点:将一定空间要素围绕占主导地位的要素或自然地理地貌(水体、山脉)组合排列,表现出强烈的向心性。这种布局形式顺应自然地形布置的环状路网,造就了向心的空间布局。各居住街坊围绕中心分布,既可用同样的住宅组合方式形成统一格局,也可以允许不同的组织形态控制各个部分,强化可识别性 应用:各级生活圈、居住街坊成片规划建设 未来发展:密路网小街区 案例:福建龙山居住区	
围合式	特点:住宅沿基地周边布置,形成一定数量的次要空间并共同围绕一个主导空间,构成后的空间无方向性,主入口按环境条件可设于任一方位,中央主导空间一般尺度较大,统率次要空间,也可以其形态的特异突出其主导地位。围合式布局可有宽敞的绿地和舒展的空间,日照、通风和视觉环境相对较好,但要注意适当地控制建筑层数 应用:居住街坊 案例:成都锦城苑	

续表

布局形式	特点及应用情况	示例图
集约式	特点：将住宅和公共配套设施集中紧凑布置，并开发地下空间，依靠科技进步，使地上、地下空间垂直贯通，室内、室外空间渗透延伸，形成居住生活功能完善、水平—垂直空间流通的集约式整体空间。这种布局形式节地、节能，在有限的空间里可很好地满足现代城市居民的各种要求，对一些旧城改建和用地紧缺的地区尤为适用 应用：居住街坊 案例：香港南丰新村	
隐喻式	特点：将某种事物作为原型，经过概括、提炼、抽象成建筑与环境的形态语言，使人产生视觉和心理上的某种联想与领悟，从而增强环境的感染力，构成意象上的境界升华 应用：各级生活圈、居住街坊成片规划建设 案例：上海"绿色细胞组织"（上海住宅设计国际竞赛方案）	

　　值得注意的是，在居住区整体布局的构架中，配套设施系统是居住区建设的核心因素，道路系统起着骨架作用，而绿化系统则是生态平衡因素、空间协调因素、视觉活跃因素。它们与占主导地位的住宅群融为一体，紧密结合基地地理条件和环境特点，构成一个完善的、相对独立的有机整体。本书将在第 4 章至第 6 章分别讲述配套设施、道路系统、绿化系统。

3.1.2　住宅及其组群的规划布置

　　住宅及其组群的规划布置必须因地制宜，主要有如下 5 种基本形式：行列式、周边式、院落式、自由式、混合式。

1. 行列式

　　行列式是指条形住宅或联排式住宅按一定朝向和合理的间距成行成列地布置。在我国大部分地区，这种布置形式使每户都能获得良好的日照和通风条件，形式比较整齐，有较强的规律性。道路和各种管线的布置比较容易，是目前应用较为广泛的布置形式。但缺点是行列式布置形成的空间往往比较单调、呆板、识别性差，易在街坊内部产生穿越交通。

因此，在住宅群体组合中，可以存在部分的行列式布置，但应避免居住街坊内部完全的"兵营式"布置，多考虑住宅建筑组群空间的变化，通过在行列式布置的基础上适当改变，就能达到良好的形态特征和景观效果（图 3.3）。例如，采用山墙错落、单元错接、短墙分隔以及成组改变朝向等手法，既可以使组群内建筑向夏季主导风向散开，更好地组织通风，也可使建筑群体生动活泼，更好地结合地形、道路，避免交通干扰，丰富院落景观。可以利用主要机动车道的走势，进行错位布置。还可以利用公共绿地与建筑的结合，形成多样化空间，打破单一的行列式布置方式，丰富住宅组群布局。

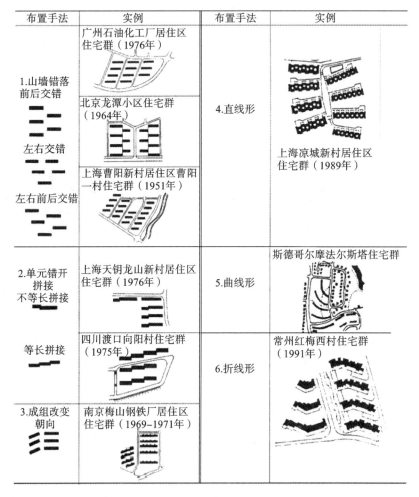

图 3.3　行列式布局及空间变化

图 3.4 所示居住区是典型的行列式布置方式，北部建筑山墙之间产生错位，让居住区北部景观空间的院落式庭院空间富于变化，加上公共绿地中丰富的直线通道景

观设计,与规律的行列式布置相辅相成,使得居住区内分区明确,形成极强的轴向感和有序的对称美。

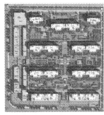

图 3.4　典型行列式布局方案

图 3.5 所示居住区也是典型的行列式布置方式。通过三列居住建筑分别产生错位的排布,使得建筑之间的空间呈现放大缩小的变化,弱化了东西向空间的单调性。与图 3.4 不同的是,图 3.5 所示居住区并未在一侧设置长条形、连续的底商,其配套服务设施建筑与住宅建筑并未相接,且形式有一定变化,组合形成若干庭院式空间,利于营造丰富的空间。同时,为了打破图面上全部是直线元素这一布局,在绿地中的人行通道采用弧形元素,与规整的住宅建筑形成强烈对比,使得图面上整体布局较为活泼。

2. 周边式

周边式布置指住宅建筑沿街坊或院落周边布置,形成围合或部分围合的住宅院落场地。

采用周边式布置形式的空间近乎封闭,能形成有效的居住区边界,创造领域感和归属感,符合人的心理需求。"围护与屏蔽"是人类选择居住区的标准之一,便于创造良好的邻里交往空间。明确的边界,易于产生易辨识的标识感和塑造居民的归属感(图 3.6)。

周边式布置的特点如下。

(1) 有利于安全和管理。采用周边式布置的住宅建筑具有向内集中的空间,能形成一定的活动场地,空间领域感强,内外分隔明显,能有效减少外部因素的干扰,利于儿童、老人在居住区内部活动,并利于组织宁静、安全、方便的户外邻里交往的活动空间。从我国经济发展水平和社会成员的层面考虑,居住区目前还没有达到资源共享、彻底开放的地步,周边式布置方式有利于内部的资源管理。

(2) 便于布置公共绿化和休息园地。各住宅建筑沿街坊边界布置,中心形成比较大的中心花园,居民能最大化地享有中心景观与外围景观。一个中心花园的设计,能够让更多的孩子融入集体活动,一起嬉戏玩耍,营造出温馨的邻里关系。这种布置形式,还可以节约用地和提高容积率。

(3) 在寒冷及多风沙地区,周边式布置具有防风御寒的作用,可以阻挡风沙及减少院内积雪。对建筑来说可以有效地挡风。适当通风原本是防治疾病的妙法,但建筑的风太多也会带来问题。对于北方一些经常出现扬沙天气的城市来说,周边式布

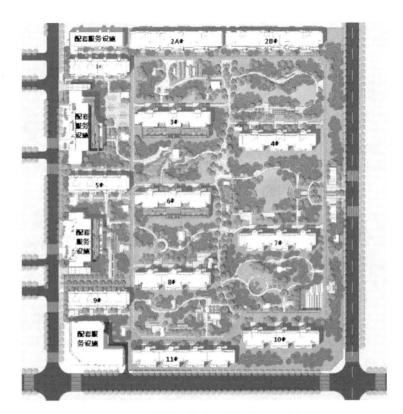

图 3.5 山墙错落、前后交错的住宅组群布局

置有利于解决风沙问题。

但是这种布置方式会出现一部分东西朝向的住宅,转角单元空间较差、对地形的适应性差,在建筑单体设计中应注意克服和解决,努力做好转角单元的户型设计。

3. 院落式

院落式布置与周边式布置有些类似,指由居住建筑或居住建筑与其他建筑共同围合而成,内部呈现环形院落的独立空间的布置方式(图 3.7)。

常见的居住区院落式布置形态多种多样,可以由几个院落组成,每个院落完全由住宅建筑围合而成,在一个居住街坊内有的是由形状和大小都相似的院落组合而成,也有的是由形状和大小都相同的院落组合而成。这种布置方式形成的院落相对独立、空间较小,有利于邻里交往,具有极强的私密性。人车分流明显,易形成宁静、安全、方便、易管理的居住环境。院落式布置以一个独立院落为基本单元,可根据地形地貌灵活组织住宅组群和住宅小区,是一种吸取传统院落民居的布置手法形成的比较有创意的布置形式。院落式布置的主要优点是建筑布局灵活,可以充分利用边角地,有利于节约用地,同时也使居住街坊内空间富于变化。

居住街坊地块较小时,可将多栋条形住宅建筑组合,形成中心大庭院式布局,将公共空间围合在居住街坊内部,集中布置公共绿地以及各项服务设施,易产生丰富的

布置手法	实 例	
1.单周边 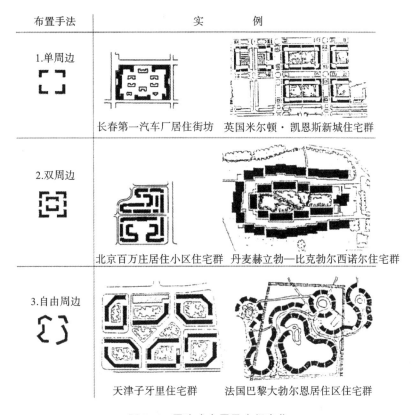	长春第一汽车厂居住街坊	英国米尔顿·凯恩斯新城住宅群
2.双周边	北京百万庄居住小区住宅群	丹麦赫立勒—比克勒尔西诺尔住宅群
3.自由周边	天津子牙里住宅群	法国巴黎大勃尔恩居住区住宅群

图 3.6 周边式布置及空间变化

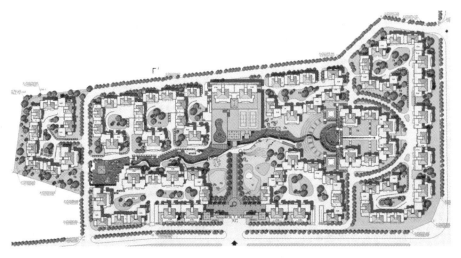

图 3.7 院落式布置

景观环境。一般在集中的公共绿地结合公共服务设施,形成居住街坊的"客厅",供居民共享的外部空间为半公共空间,这种空间是居民交往、游憩的主要场所,有一定的私密感和归属感，内外空间分隔明显，能有效减少外部干扰因素，领域感强（图 3.8）。外来车辆与人流不能随意穿行，使居民有安全的院落空间（即住宅楼的前后空间为半私密空间），是最有吸引力的活动空间。老人可以就近找到休息、聊天、休闲、健身活动的场地，儿童可以就近找游戏场地，家长便于监管和照顾，这种空间能创造方便、安全、宁静、便于交往的居住环境。

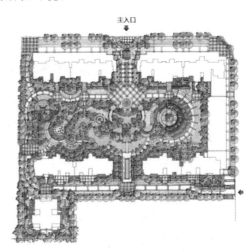

图 3.8　较小的居住街坊所形成的院落空间

4. 自由式

自由式布置是指建筑结合地形，在照顾日照、通风等要求的前提下，成组自由、灵活地布置（图 3.9）。

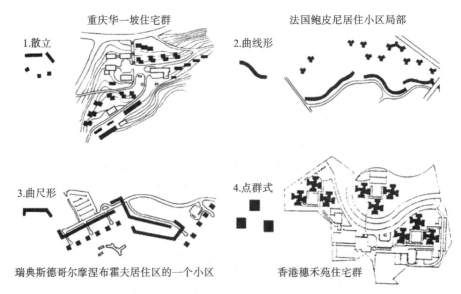

图 3.9　自由式布置示意

5. 混合式

混合式布置一般是上述四种布置形式的组合。常见的混合式布置以行列式布置为主，以少量住宅或公共建筑沿道路或公共空间布置，形成围合空间或半围合空间。

图 3.10 所示为北京长辛店新区生活区(西区)概念性规划设计，通过城市道路的分隔，形成了 4 处居住街坊。居住区整体呈狭长形，通过街坊内的主要机动车通道，在居住区内部塑造出极强的轴线感，在视觉上既有统一性，又有多样性。同时，在空间上串联街坊，在出入口、院落中心处结合绿地、景观小品形成居住区的主要景观节点。自由形态的水系走势，柔和了住宅建筑排布的生硬感，沿水系塑造景观，使得整体布局灵动活泼。

居住街坊 1 是典型的院落式布置，在整体布局上，通过周边山体和水系，结合滨河绿地一起构成该居住街坊的空间骨架，街坊内住宅依托景观廊道和水系，围合成井然有序的街巷和院落空间。在该街坊内，西侧住宅以行列式布置为主，规整有序，辅以适当的单元错位，丰富行列式排布的空间效果。东侧住宅排列自由，依托道路和水系的走势，用曲线的形态形成多种多样的院落组合空间。

居住街坊 2～4 是典型的混合式布置。居住街坊 2 的东侧，沿城市道路走向，采用行列式布置，形成整齐统一的建筑布局。西侧建筑顺应街坊内主要机动车道路的曲线走势，采用点群式布置。北侧和中部依次形成两个围合空间，北侧由居住建筑结合水系绿地，共同打造景观优美的封闭庭院式中心，中部结合公共服务设施建筑与公共绿地，利用公共服务设施建筑或建筑群体与住宅建筑在造型和外部空间特征上的差异，将不同功能的建筑进行不同的组合，构建具有特色的形式和灵活多变的空间尺度。核心区为大片开敞空间，可有效提升居住区整体形象，居民可达性强，使用率高。

3.1.3　住宅群体的空间层次

住宅区的生活空间可以划分为私密空间、半私密空间、半公共空间和公共空间四个层次(图 3.11)。

住宅区的私密空间一般指住宅的户内空间和归属于住户的户外平台、阳台和院子；半私密空间一般指住宅群落围合的空间，一般包括其中的绿地、场地、道路和车位等；半公共空间一般指若干住宅群落共同构筑的、属于这些住宅群落居民共同拥有的街坊、居住小区或居住区外部空间，一般包括公共绿地、公共服务设施开放的公共场地、小区级和组团级道路等住宅区内不属于私密和半私密的住宅区空间；公共空间一般指归属于城市空间的居住区或城市外部空间(图 3.12)。

领域感是人对空间产生归属认同性的基本心理反应，也是住宅区生活空间层次划分的基础(图 3.13)。一般认为领域感的产生是由于人都有一种本能的强烈愿望，要求规定其个人或集体活动的生活空间范围，即领域。

因此，住宅区各层次生活空间的建构宜遵循私密—半私密—半公共—公共逐级衔接的布局组合原则，重点关注各层次空间衔接点的处理，保证各层次的生活空间具

居住街坊1

居住街坊2

居住街坊3

居住街坊4

图 3.10 北京长辛店新区生活区（西区）概念性规划设计

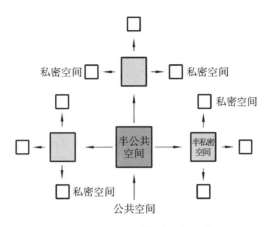

图 3.11 住宅群体的空间层次

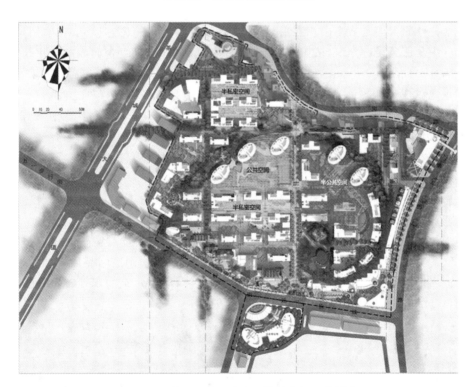

图 3.12 某住宅小区住宅群体的空间层次划分

有相对完整的活动领域。在住宅区各层次的生活空间的营造中,应考虑不同层次生活空间的尺度、围合程度和通达性:私密性强,则尺度宜小、围合感宜强、通达性宜弱;公共性强,则尺度宜大、围合感宜弱、通达性宜强。

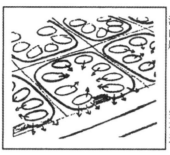
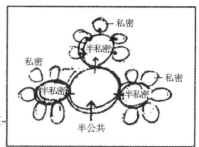

清晰的边界划分是明确内部结构和解决地区问题的重要一步

空间分级化组织的住宅区有助于居民了解谁"属于"这一区域

图 3.13 居住生活空间的领域与层次分析

3.2 住宅群体的空间组织

居住建筑群体一般是由相互平行、垂直以及互成斜角的住宅单元、住宅组合体，或结合配套服务设施建筑，按照一定的方式，因地制宜、有机组合而成的。建筑群体为了满足不同层次、年龄的居民使用，满足功能、景观、心理、感觉等方面的要求，需要有意识地对建筑群体及其环境进行分割、围合，从而形成各种各样的空间形态。（参考网络视频"基于运算化生成优化的后疫情时代健康住区设计"，网址为 https://www.bilibili.com/video/BV1A841147Cw/。）

组织室外空间环境的主要物质因素是地形地貌、建筑物、植物三类，可分为主要因素和辅助因素。

主要因素是指决定空间的类型、功能、作用、形态、大小、尺度、围合程度等方面的住宅建筑、公共建筑、高大乔木和其他尺度较大的构筑物（如墙体、杆、通廊、较大的自然地形）等实体及其界面，其中对室外空间影响最大的是建筑对空间的限定与布局（图 3.14），它决定着空间的形态、尺度以及由此而形成的不同空间品质的感受，产生积极或消极的影响。住宅建筑是居住区建筑的主体，居住建筑的规划布置是居住区规划设计的核心内容。

图 3.14 组织室外空间环境的主要因素

辅助因素是指用来强化或弱化空间特性的因素,处于陪衬、烘托的地位,如建筑小品、健身设施、矮墙、院门、台阶、小径、灌木丛、铺装、稍有起伏的地形和色彩、质感等(图 3.15)。

灌木丛、小径院门　　　　　　　台阶　　　　　　　　　健身设施

图 3.15　组织室外空间环境的辅助因素

3.2.1　居住区建筑群体的组合原则

(1) 功能原则:符合日照、通风、密度、朝向、间距等功能要求,使居民生活更方便、安全、安静。

(2) 经济原则:制定合理的经济技术指标,充分利用每一寸土地、空间。

(3) 美观原则:运用美学原理,既能体现地方特色,又能反映建筑个性。

3.2.2　住宅群体空间特征

1. 封闭空间和开敞空间

封闭空间可提供较高的私密性和安全感,但也可能带来闭塞感和视域的限制。开敞空间则与此相反。封闭空间和开敞空间可以有程度上的不同,它取决于建筑围蔽的强弱(图 3.16)。

2. 主要空间和次要空间

建筑物的单调布置或杂乱地任意布置都不能建立具有一定视觉中心的空间,但是只有单一的主要空间也会给人以单调感。如果结合主要空间布置一些与其相联系的次要空间(或称子空间),就能使空间更为丰富。当人处于某个特殊位置时,这些子空间将被遮掩,使人感觉空间时隐时现,产生奇妙的变化而耐人寻味。

3. 静态空间和动态空间

具有动态感的空间,常能引起人们对生活经验中某种动态事物的联想,缓解呆板的建筑形象,给人以轻松活泼、飘逸荡漾的良好心理感受。"风车形"建筑组群,使静止的内院富有动感。行列式空间布局带给人以单调感,向两侧伸展的线性空间把人的注意引向尽端,有组织的线性空间则不然,通过空间的转折和一系列空间形态及尺度的转换,不知情的来访者会因获得变化的动态景观和新奇的空间而感到愉快(图 3.17)。

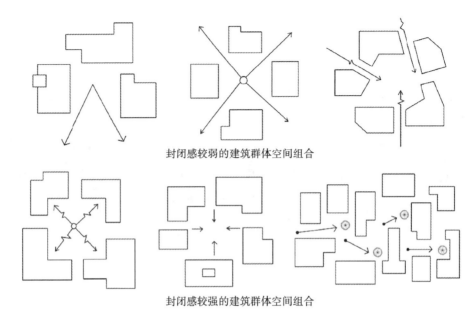

封闭感较弱的建筑群体空间组合

封闭感较强的建筑群体空间组合

图 3.16　空间的封闭与开敞

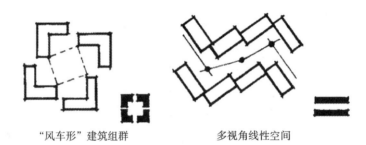

"风车形"建筑组群　　　多视角线性空间

图 3.17　静态空间向动态空间的转变

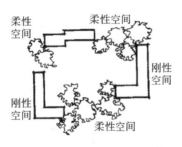

图 3.18　刚性空间和柔性空间

4. 刚性空间和柔性空间

刚性空间由建筑物构成,柔性空间由绿化构成。较为分散的建筑,常利用植物围合空间(图 3.18)。绿化不但能界定空间,而且能柔化刚性体面,许多建筑利用攀缘植物和悬垂植物,使墙面、阳台、檐口等刚性体面得以柔化,和自然环境融为一体,增强了协调感和舒适感。

空间和实体是居住区环境的主要组成部分,它们互相依存,不可分割。随着城市物质和文化水平的提高,居民将从单纯追求住房本身的宽大,逐步转向追求户内外整体环境质量的提高。居住区建筑群体的组合与设计是一项极其复杂的工作,它既是功能与精神的结合,又是心理和形式的综合;既要考虑日照、通风等卫生条件,研究居民的行为活动需要、居住心理,又要强调个性、地方特色、民族性和历史文脉,还要反映时代特征,并且要考虑经济和组织管理等方面的问题。

3.2.3 居住区建筑群体的组合的基本构图手法

1. 对比

所谓对比就是指同一性质物质的悬殊差别,例如大与小、简单与复杂、高与低、长与短、虚与实、色彩的冷与暖,以及建筑形体的方向、间距、排列等。对比是建筑群体空间构图的常用手段,通过对比可以突出主体建筑或使建筑群体空间富于变化,从而打破单调、沉闷和呆板的感觉。住宅建筑通常通过以下要素进行对比:尺度(住宅长度、高度)、间距、体型、位置(错行、错列的住宅排列)、方向、立面色彩及造型等(图3.19)。

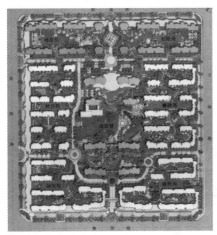 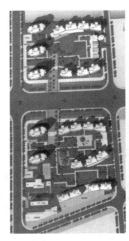 

浙江德清桂花城　　　　　　　　　　无锡某安置小区

图 3.19　住宅的体型、位置、尺度对比

2. 韵律与节奏

韵律与节奏是指同一形体有规律地重复和交替使用所产生的空间效果,这种构图手法常用于沿街或沿河等带状布置的建筑群的空间组合中(图3.20)。韵律按其形式特点可分为四种不同的类型。

(1)连续的韵律:以一种或几种要素连续、重复地排列而形成,各要素之间保持着恒定的距离和关系,可以无尽地延长。

(2)渐变的韵律:连续的要素在某一方面按照一定的秩序逐渐变化,例如逐渐加长或缩短,变宽或变窄,变密或变疏等。

(3)起伏的韵律:渐变韵律按照一定的规律时而增加、时而减小,犹如波浪起伏,具有不规则的节奏感。

(4)交错的韵律:各组成部分按一定的规律交织、穿插而形成,各要素互相制约,一隐一现,表现出一种有组织的变化。

以上四种形式的韵律虽然各有特点,但都体现出一种共性——具有极其明显的条理性、重复性和连续性。借助于这一点,住宅群体空间组合既可以加强整体的统一性,又可以求得丰富多彩的变化(图 3.21)。

图 3.20 韵律与节奏

图 3.21 青岛文化艺术小镇

3. 比例和尺度

在建筑构图范围内,比例的含义是指建筑物的整体或局部在其长宽高的尺寸、体量间的关系，以及建筑的整体与局部、局部与局部、整体与周围环境的尺寸、体量间的关系。而尺度的概念则与建筑物的性质、使用对象密切相关。一个建筑应有合适的比例和尺度，一组建筑物相互之间也应有合适的比例和尺度的关系。在组织住宅院落空间时，应该考虑住宅高度与院落空间大小的比例关系和院落本身的长宽比例（图3.22）。

适当的比例与尺度创造出良好的院落与道路环境　　　　广场尺度过大造成空间离散

图 3.22　比例与尺度

除以上三点外，色彩、绿化、道路、建筑小品等都是建筑群体的组合构图的常用手法。其中色彩的选择尤为重要。建筑的色彩最重要的是主导色相的选择，这要看建筑物在其所处环境中的突出程度，还应考虑建筑物的功能作用。住宅建筑的色彩以淡雅为宜，使其整体环境形成一种明快、朴素、宁静的气氛。住宅建筑群体的色彩要成组考虑，色调应力求统一、协调；对建筑的局部如阳台、栏杆等的色彩可做重点处理，以达到统一中有变化。

3.3　居住区用地控制指标

住宅用地在居住区内不仅占地最多，住宅的建筑面积及其所围合的宅旁绿地在建筑和绿地中也是比重最大的。居住区用地的规划设计对居住生活质量、居住区以至城市面貌、住宅产业发展都有着重要的影响。各级生活圈居住区用地应合理配置、适度开发，其控制指标应符合表3.2至表3.4的相关规定。

表 3.2　15 分钟生活圈居住区用地控制指标

建筑气候区划	住宅建筑平均层数类别	人均居住区用地面积/(m²/人)	居住区用地容积率	居住区用地构成/(%)				
				住宅用地	配套设施用地	公共绿地	城市道路用地	合计
Ⅰ、Ⅶ	多层Ⅰ类（4~6层）	40~54	0.8~1.0	58~61	12~16	7~11	15~20	100
Ⅱ、Ⅵ		38~51	0.8~1.0					
Ⅲ、Ⅳ、Ⅴ		37~48	0.9~1.1					

续表

建筑气候区划	住宅建筑平均层数类别	人均居住区用地面积/(m²/人)	居住区用地容积率	居住区用地构成/(%)				
				住宅用地	配套设施用地	公共绿地	城市道路用地	合计
Ⅰ、Ⅶ	多层Ⅱ类(7~9层)	35~42	1.0~1.1	52~58	13~20	9~13	15~20	100
Ⅱ、Ⅵ		33~41	1.0~1.2					
Ⅲ、Ⅳ、Ⅴ		31~39	1.1~1.3					
Ⅰ、Ⅶ	高层Ⅰ类(10~18层)	28~38	1.1~1.4	48~52	16~23	11~16	15~20	100
Ⅱ、Ⅵ		27~36	1.2~1.4					
Ⅲ、Ⅳ、Ⅴ		26~34	1.2~1.5					

资料来源:中华人民共和国住房和城乡建设部,国家市场监督管理总局.城市居住区规划设计标准:GB 50180—2018[S].北京:中国建筑工业出版社,2018.

表3.3 10分钟生活圈居住区用地控制指标

建筑气候区划	住宅建筑平均层数类别	人均居住区用地面积/(m²/人)	居住区用地容积率	居住区用地构成/(%)				
				住宅用地	配套设施用地	公共绿地	城市道路用地	合计
Ⅰ、Ⅶ	低层(1~3层)	49~51	0.8~0.9	71~73	5~8	4~5	15~20	100
Ⅱ、Ⅵ		45~51	0.8~0.9					
Ⅲ、Ⅳ、Ⅴ		42~51	0.8~0.9					
Ⅰ、Ⅶ	多层Ⅰ类(4~6层)	35~47	0.8~1.1	68~70	8~9	4~6	15~20	100
Ⅱ、Ⅵ		33~44	0.9~1.1					
Ⅲ、Ⅳ、Ⅴ		32~41	0.9~1.2					
Ⅰ、Ⅶ	多层Ⅱ类(7~9层)	30~35	1.1~1.2	64~67	9~12	6~8	15~20	100
Ⅱ、Ⅵ		28~33	1.2~1.3					
Ⅲ、Ⅳ、Ⅴ		26~32	1.2~1.4					
Ⅰ、Ⅶ	高层Ⅰ类(10~18层)	23~31	1.2~1.6	60~64	12~14	7~10	15~20	100
Ⅱ、Ⅵ		22~28	1.3~1.7					
Ⅲ、Ⅳ、Ⅴ		21~27	1.4~1.8					

资料来源:中华人民共和国住房和城乡建设部,国家市场监督管理总局.城市居住区规划设计标准:GB 50180—2018[S].北京:中国建筑工业出版社,2018.

表 3.4 5 分钟生活圈居住区用地控制指标

建筑气候区划	住宅建筑平均层数类别	人均居住区用地面积/(m²/人)	居住区用地容积率	居住区用地构成/(%)				
				住宅用地	配套设施用地	公共绿地	城市道路用地	合计
Ⅰ、Ⅶ	低层(1~3层)	46~47	0.7~0.8	76~77	3~4	2~3	15~20	100
Ⅱ、Ⅵ		43~47	0.8~0.9					
Ⅲ、Ⅳ、Ⅴ		39~47	0.8~0.9					
Ⅰ、Ⅶ	多层Ⅰ类(4~6层)	32~43	0.8~1.1	74~76	4~5	2~3	15~20	100
Ⅱ、Ⅵ		31~40	0.9~1.2					
Ⅲ、Ⅳ、Ⅴ		29~37	1.0~1.2					
Ⅰ、Ⅶ	多层Ⅱ类(7~9层)	28~31	1.2~1.3	72~74	5~6	3~4	15~20	100
Ⅱ、Ⅵ		25~29	1.2~1.4					
Ⅲ、Ⅳ、Ⅴ		23~28	1.3~1.6					
Ⅰ、Ⅶ	高层Ⅰ类(10~18层)	20~27	1.4~1.8	69~72	6~8	4~5	15~20	100
Ⅱ、Ⅵ		19~25	1.5~1.9					
Ⅲ、Ⅳ、Ⅴ		18~23	1.6~2.0					

资料来源:中华人民共和国住房和城乡建设部,国家市场监督管理总局.城市居住区规划设计标准:GB 50180—2018[S].北京:中国建筑工业出版社,2018.

3.4 住宅的间距与朝向

3.4.1 住宅的间距

住宅建筑间距分正面间距和侧面间距两大类,泛指的住宅间距一般是正面间距。

1. 住宅的正面间距(简称住宅间距)

日照标准是确定住宅建筑间距的基本要素,是指根据各地区的气候条件和居住卫生要求确定的,居住建筑正面向阳房间在规定的日照标准日获得的日照量。它是用来衡量住宅日照是否满足户内居住条件的技术标准,是编制居住区规划、确定居住建筑间距的主要依据。日照标准的建立是提升居住区环境质量的必要条件,是保障卫生环境、建立可持续社区的基本要求,也是维护社会公平的重要手段。

决定住宅日照标准的主要因素有如下两个:一是所处地理纬度,我国地域广大,南北方纬度差约为 50 度,高纬度的北方地区比低纬度的南方地区在同一条件下达到日照标准难度大得多;二是考虑所处城市的规模大小,大城市人口集中,用地紧张问题比一般中小城市大。综合上述两个因素,在计量方法上,力求提高日照标准的科学性、合理性与适用性,规定两级日照标准日,即冬至日和大寒日。日照标准则以日照标准日里的日照时数作为控制标准。这样,日照标准可概述为:不同建筑气候地区、不同规模大小的城市地区,在所规定的日照标准日内的有效日照时间带里,保证住宅建筑底层窗台达到规定的日照时数即为该地区住宅建筑日照标准(表3.5)。

表 3.5 住宅建筑日照标准

建筑气候区划	Ⅰ、Ⅱ、Ⅲ、Ⅶ气候区		Ⅳ气候区		Ⅴ、Ⅵ气候区
城区常住人口/万人	≥50	<50	≥50	<50	无限定
日照标准日	大寒日				冬至日
日照时数/h	≥2		≥3		≥1
有效日照时间带(当地真太阳时)	8:00—16:00				9:00—15:00
计算起点	低层窗台面(指距室内地坪0.9 m高的外墙位置)				

资料来源:中华人民共和国住房和城乡建设部,国家市场监督管理总局.城市居住区规划设计标准:GB 50180—2018[S].北京:中国建筑工业出版社,2018.

《城市居住区规划设计标准》还明确规定:

(1)老年人居住建筑日照标准不应低于冬至日日照时数2 h。老年人的身体机能、生活能力及其健康需求决定了其活动范围的局限性和对环境的特殊要求,因此,为老年人服务的各项设施要有更高的日照标准。

(2)在原设计建筑外增加任何设施如空调机、建筑小品、雕塑、户外广告、封闭露台等,不应使相邻住户及相邻住宅建筑的原有日照标准降低。既有住宅建筑进行无障碍改造加装电梯时,应优化设计,减少对住宅建筑自身相邻住户及相邻住宅建筑日照标准的影响,如因建筑本身的限制,无法避免对相邻住宅建筑或自身部分居住单元产生影响时,日照标准可酌情降低。

(3)旧区改建项目内新建住宅建筑日照标准不应低于大寒日日照时数1 h。

2. 标准日照间距的计算

所谓标准日照间距,即当地正南向住宅,满足日照标准的正面间距(图3.23)。

由 $\tan h = H/L$,得 $L = H/\tan h$

又有 $H = H_1 - H_2$,$\alpha = 1/\tan h$

可得 $$L = \alpha \cdot (H_1 - H_2) \tag{3-1}$$

式中:L——标准日照间距(m);

H——前排建筑屋檐标高至后排建筑底层窗台标高之高差;

H_1——前排建筑屋檐标高(m);

H_2——后排建筑底层窗台标高(m);

h——日照标准日太阳高度角;

α——日照标准间距系数(可参考表3.6)。

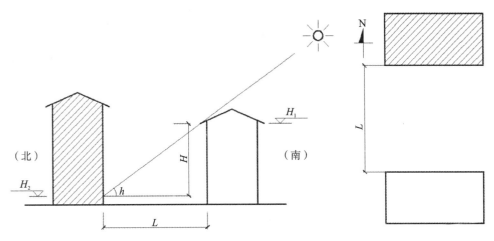

图 3.23　日照间距计算示意图

表 3.6　全国主要城市不同日照标准的间距系数

序号	城市名称	纬度（北纬）	冬至日			大寒日		
			正午影长率	日照 1 h	正午影长率	日照 1 h	日照 2 h	日照 3 h
1	漠河	53°00′	4.14	3.88	3.33	3.11	3.21	3.33
2	齐齐哈尔	47°20′	2.86	2.68	2.43	2.27	2.32	2.43
3	哈尔滨	45°45′	2.63	2.46	2.25	2.10	2.15	2.24
4	长春	43°54′	2.39	2.24	2.07	1.93	1.97	2.06
5	乌鲁木齐	43°47′	2.38	2.22	2.06	1.92	1.96	2.04
6	多伦	42°12′	2.21	2.06	1.92	1.79	1.83	1.91
7	沈阳	41°46′	2.16	2.02	1.88	1.76	1.80	1.87
8	呼和浩特	40°49′	2.07	1.93	1.81	1.69	1.73	1.80
9	大同	40°00′	2.00	1.87	1.75	1.63	1.67	1.74
10	北京	39°57′	1.99	1.86	1.75	1.63	1.67	1.74
11	喀什	39°32′	1.96	1.83	1.72	1.60	1.61	1.71
12	天津	39°06′	1.92	1.80	1.69	1.58	1.61	1.68
13	保定	38°53′	1.91	1.78	1.67	1.56	1.60	1.66
14	银川	38°29′	1.87	1.75	1.65	1.54	1.58	1.64
15	石家庄	38°04′	1.84	1.72	1.62	1.51	1.55	1.61
16	太原	37°55′	1.83	1.71	1.61	1.50	1.54	1.60
17	济南	36°41′	1.74	1.62	1.54	1.44	1.47	1.53
18	西宁	36°35′	1.73	1.62	1.53	1.43	1.47	1.52

续表

序号	城市名称	纬度(北纬)	冬至日			大寒日		
			正午影长率	日照1 h	正午影长率	日照1 h	日照2 h	日照3 h
19	青岛	36°04′	1.70	1.58	1.50	1.40	1.44	1.50
20	兰州	36°03′	1.70	1.58	1.50	1.40	1.44	1.49
21	郑州	34°40′	1.61	1.50	1.43	1.33	1.36	1.42
22	徐州	34°19′	1.58	1.48	1.41	1.31	1.35	1.40
23	西安	34°18′	1.58	1.48	1.41	1.31	1.35	1.40
24	蚌埠	32°57′	1.50	1.40	1.34	1.25	1.28	1.34
25	南京	32°04′	1.45	1.36	1.30	1.21	1.24	1.30
26	合肥	31°51′	1.44	1.35	1.29	1.20	1.23	1.29
27	上海	31°12′	1.41	1.32	1.26	1.17	1.21	1.26
28	成都	30°40′	1.38	1.29	1.23	1.15	1.18	1.24
29	武汉	30°38′	1.38	1.29	1.23	1.15	1.18	1.24
30	杭州	30°19′	1.36	1.27	1.22	1.14	1.17	1.22
31	拉萨	29°42′	1.33	1.25	1.19	1.11	1.15	1.20
32	重庆	29°34′	1.33	1.24	1.19	1.11	1.14	1.19
33	南昌	28°40′	1.28	1.20	1.15	1.07	1.11	1.16
34	长沙	28°12′	1.26	1.18	1.13	1.06	1.09	1.14
35	贵阳	26°35′	1.19	1.11	1.07	1.00	1.03	1.08
36	福州	26°05′	1.17	1.10	1.05	0.98	1.01	1.07
37	桂林	25°18′	1.14	1.07	1.02	0.96	0.99	1.04
38	昆明	25°02′	1.13	1.06	1.01	0.95	0.98	1.03
39	厦门	24°27′	1.11	1.03	0.99	0.93	0.96	1.01
40	广州	23°08′	1.06	0.99	0.95	0.89	0.92	0.97
41	南宁	22°49′	1.04	0.98	0.94	0.88	0.91	0.96
42	湛江	21°02′	0.98	0.92	0.88	0.83	0.86	0.91
43	海口	20°00′	0.95	0.89	0.85	0.80	0.83	0.88

注:(1)本表按沿纬向平行布置的六层条式住宅(楼高18.18 m,首层窗台距室外地面1.35 m)计算;
(2)表中数据为20世纪90年代初调查数据。

当住宅正面偏离正南方向时,其日照间距应以标准日照间距进行折减换算(图3.24)。

$$L' = b \cdot L \tag{3-2}$$

式中：L'——不同方位住宅日照间距(m)；

　　　L——正南向住宅标准日照间距(m)；

　　　b——不同方位日照间距折减换算系数(表 3.7)。

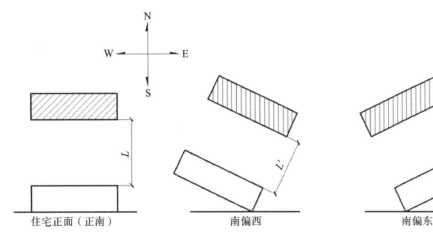

住宅正面（正南）　　　　南偏西　　　　　　南偏东

图 3.24　不同方位日照间距关系

表 3.7　不同方位日照间距折减换算系数

方位	0°~15°(含)	15°~30°(含)	30°~45°(含)	45°~60°(含)	> 60°
折减换算系数值	1.00	0.90	0.80	0.90	0.95

注：(1)表中方位为正南向(0°)偏东、偏西的方位角；

(2)本表指标仅适用于无其他日照遮挡的平行布置的条式住宅建筑。

3. 住宅的侧面间距

　　建筑间距(building interval)的控制要求不仅是保证每家住户均能获得基本的日照量和住宅的安全要求，同时还要考虑一些户外场地的日照需要，如幼儿和儿童游戏场地、老年人活动场地和其他一些公共绿地，以及由于视线干扰引起的私密性问题。

　　除考虑日照因素外，通风、采光、消防以及视线干扰、管线埋设等要求都是重要影响因素，这些因素的考虑比较复杂，山墙无窗户的房屋一般情况可按防火间距的要求确定侧面间距。侧面有窗户时可根据具体情况适当加大间距以防视线干扰，如北方一些城市对视线干扰问题较注重，要求较高，一般认为不小于 20 m 为宜，而一些用地紧缺的城市，特别是南方城市如广州、上海，未将视线干扰问题作为主要因素考虑，只需满足消防间距要求即可。一般来说，住宅侧面间距应符合下列规定：条式住宅，多层之间不宜小于 6 m；高层与各种层数住宅之间不宜小于 13 m；高层塔式住宅、多层和中高层点式住宅与侧面有窗的各种层数的住宅之间应考虑视觉卫生因素，适当加大间距。

3.4.2 住宅的朝向

住宅朝向主要要求能获得良好的自然通风和日照。我国地处北温带,南北气候差异较大,寒冷地区居室避免朝北,不忌西晒,以争取冬季能获得一定质量的日照,并能避风防寒。炎热地区居室要避免西晒,尽量减少太阳对居室及其外墙的直射与辐射,并要有利于自然通风,避暑防湿。

从住宅获得良好的自然通风出发,当风向正对建筑时,要求不遮挡后面的住宅,那么通风间距需在 5H 以上,而布置如此之大的通风间距是不现实的,只能在满足日照间距的前提下来考虑通风问题。从不同的风向对建筑组群的气流影响情况看,当风正面吹向建筑物,风向入射角(风向与受风面法线夹角)为 0°时,背风面产生很大涡旋,气流不畅,若将建筑受风面与主导风向成某一角度布置时,则有明显改善,当风向入射角加大至 30°~60°时,气流能较顺利地导入建筑的间距内,从各排迎风面进风(图 3.25)。因此,加大风向入射角对通风更有利。

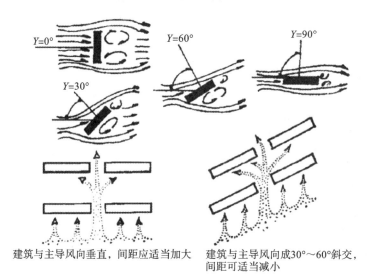

建筑与主导风向垂直,间距应适当加大   建筑与主导风向成30°~60°斜交,间距可适当减小

图 3.25 风向入射角对气流的影响

此外,还可在建筑的布置方式上来寻求改善通风的方法,如将住宅左右、前后交错排列或上下高低错落以扩大迎风面,增加迎风口;将建筑疏密组合增加风流量;利用地形、水面、植被增加风速、导入新鲜空气等(图 3.26)。这样,在丰富居住空间的同时,还充实了环境的生态科学内涵。

住宅朝向的确定,可参考我国城市建筑的适宜朝向(表 3.8)。该表综合考虑了不同城市的日照时间、太阳辐射强度、常年主导风向等因素,具体规划时还与地区小气候、地形地貌、用地条件等因素有关,组织通风时需一并考虑。

住宅错列布置增大迎风面，利用山墙间距，将气流导入住宅群内部

低层住宅或配套设施布置在多层住宅群之间，可改善通风效果

住宅疏密相间布置，密处风速加大，改善了群体内部通风

高低层住宅间隔布置，或将低层住宅或低层配套设施布置在迎风面一侧以利于进风

住宅组群豁口迎向主导风向，如果需要防寒则在通风面上少设豁口

冬季主导风向

夏季主导风向

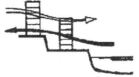

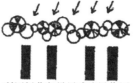

利用水面和陆地温差加强通风　　利用局部风候改善通风　　利用绿化起导风或防风作用

图 3.26　住宅群体通风或防风措施

表 3.8　我国部分地区建筑朝向

地区	最佳朝向	适宜朝向	不宜朝向
北京	南偏东 30°以内 南偏西 30°以内	南偏东 45°范围内 南偏西 45°范围内	北偏西 30°～60°
上海	南至南偏东 15°	南偏东 30°至南偏西 15°	北、西北
乌鲁木齐	南偏东 40°至南偏西 30°	东南、东、西	北、西北
成都	南偏东 45°至南偏西 15°	南偏东 45°至东偏北 30°	西、北
昆明	南偏东 25°～56°	东至南至西	北偏东 35°至北偏西 35°
厦门	南偏东 5°～10°	南偏东 22°30′至南偏西 10°	南偏西 25°至西偏北 30°
重庆	南、南偏东 10°	南偏东 15°至南偏西 5°，北	东、西
青岛	南、南偏东 5°～15°	南偏东 15°至南偏西 15°	西、北
哈尔滨	南偏东 15°～20°	南至南偏东 15°至南偏西 15°	西、西北、北
南京	南偏东 15°	南偏东 25°至南偏西 10°	西、北
武汉	南偏西 15°	南偏东 15°	西、西北

培育大国工匠精神

国务院总理李克强 2016 年 3 月 5 日作政府工作报告时说,鼓励企业开展个性化定制、柔性化生产,培育精益求精的工匠精神,增品种、提品质、创品牌。

从事城市建设的专业人才要弘扬工匠精神,突出城市规划与设计的科学性、特色性和权威性,推动精美城市建设落地见效。工匠精神落在个人层面,就是一种认真精神、敬业精神。其核心是:不仅仅把工作当作赚钱养家糊口的工具,而是树立起对职业敬畏、对工作执着、对设计负责的态度,极度注重工程细节,不断追求完美和极致,将一丝不苟、精益求精的工匠精神融入每一个环节。

在长期实践中,我们培育形成了爱岗敬业、争创一流、艰苦奋斗、勇于创新、淡泊名利、甘于奉献的劳模精神,崇尚劳动、热爱劳动、辛勤劳动、诚实劳动的劳动精神,执着专注、精益求精、一丝不苟、追求卓越的工匠精神。劳模精神、劳动精神、工匠精神是以爱国主义为核心的民族精神和以改革创新为核心的时代精神的生动体现,是鼓舞全党全国各族人民风雨无阻、勇敢前进的强大精神动力。(摘自:2020 年 11 月 24 日习近平在全国劳动模范和先进工作者表彰大会上的讲话)

工匠精神的内涵:(1)敬业。敬业是从业者基于对职业的敬畏和热爱而产生的一种全身心投入的认认真真、尽职尽责的职业精神状态。中华民族历来有"敬业乐群""忠于职守"的传统,敬业是中国人的传统美德,也是当今社会主义核心价值观的基本要求之一。早在春秋时期,孔子就主张人在一生中始终要"执事敬""事思敬""修己以敬"。"执事敬",是指行事要严肃认真不怠慢;"事思敬",是指临事要专心致志不懈怠;"修己以敬",是指加强自身修养保持恭敬谦逊的态度。(2)精益。精益就是精益求精,是从业者对每件产品、每道工序都凝神聚力、精益求精、追求极致的职业品质。所谓精益求精,是指已经做得很好了,还要求做得更好。正如老子所说,"天下大事,必作于细"。(3)专注。专注就是内心笃定而着眼于细节的耐心、执着、坚持的精神,这是一切"大国工匠"所必须具备的精神特质。从中外实践经验来看,工匠精神都意味着一种执着,即一种几十年如一日的坚持与韧性。"术业有专攻",一旦选定行业,就一门心思扎根下去,心无旁骛,在一个细分产品上不断积累优势,在各自领域成为"领头羊"。在中国早就有"艺痴者技必良"的说法,如《庄子》中记载的游刃有余的"庖丁解牛"、《核舟记》中记载的奇巧人王叔远等。(4)创新。"工匠精神"还包括着追求突破、追求革新的创新内蕴。古往今来,热衷于创新和发明的工匠们一直是世界科技进步的重要推动力量。中华人民共和国成立初期,涌现出一大批优秀的工匠,如倪志福、郝建秀等,他们为社会主义建设事业做出了突出贡献。改革开放以来,"汉字激光照排系统之父"王选、"中国第一、全球第二的充电电池制造商"王传福、从事高铁研制生产的铁路工人和从事特高压、智能电网研究运行的电力工人等都是"工匠精神"的优秀传承者,他们让中国创新重新影响了世界。(摘自:论"工匠精神".中国文明网.2017—5—24)

复习思考题

1. 居住区规划布局应考虑哪些原则？
2. 居住区的规划布局形式有哪些？其各自的特点是什么？
3. 简述行列式、周边式、院落式、自由式和混合式住宅组群的规划布置方式的特点。
4. 住宅群体的空间层次有哪些？如何进行住宅群体的空间组织？
5. 为何要确定居住区用地控制指标？
6. 住宅的间距包含哪两种类型？分别如何确定？
7. 除日照需求外，住宅的朝向还应考虑什么因素？

第4章 居住区配套设施及其用地规划

配套设施是居住区不可缺少的重要组成部分,它是居民日常生活重要的基础设施和物质载体,是全面建设小康社会、满足居民现代化生活的基本条件。《城市居住区规划设计标准》(GB 50180—2018)中对城市居住区配套设施定义的术语标准是:对应居住区分级配套规划建设,并与居住人口规模或住宅建筑面积规模相匹配的生活服务设施;主要包括基层公共管理与公共服务设施(A)、商业服务业设施(B)、市政公用设施(U)、交通场站(S4)及社区服务设施、便民服务设施(服务5分钟生活圈范围、用地性质为居住用地的社区服务设施,以及服务居住街坊、用地性质为住宅用地的便民服务设施)。

4.1 居住区配套设施建设的目的与意义

随着全面建设小康社会,城市经济、社会各方面的变化对居住区的配套设施及其建设提出了新的要求。居住区配套设施是为居住区居民提供生活服务的各类必需的设施,主要是满足居民基本的物质和精神生活方面的需求,应以保障民生、方便使用、有利于实现社会基本公共服务均等为目标,统筹布局,集约、节约建设。其总体水平综合反映了居民对物质生活的客观需求和精神生活的追求,也体现了社会对人的关怀程度,是城乡生活文明程度的反映(图4.1)。

居住区配套设施指为该住宅区居民日常生活服务配套的商业、服务、文化、教育、医护、运动等设施及其用地。这些设施的项目设置和规模确定,均与其所服务的人口相对应,并按要求"分级"设置与布局。

韩国的生活圈,借鉴了日本的"分级理论",以城市街道划分街区,将一个街区作为地区生活圈,将居住区规划为大生活圈,将小区规划为中生活圈,组团规划为小生活圈,实现对一定生活区域内的居住区人口的分级控制。韩国首尔提出在不同层次的生活圈内解决不同类型的问题,其生活圈规划包括5个圈域(大生活圈,50万~300万人)和140个地区(小生活圈,5万~10万人)。其中,圈域的划分综合考虑区域的发展过程、用地功能及土地使用特点、行政区划、教育学区、居住地与居住人口特点、相关规划等因素。圈域的重点任务在于地区均衡发展和职住平衡等宏观问题。地区的划分综合考虑商业、商务、居住、公共服务、公园与绿地等,布局在用地功能相近、居民联系密切以及设施需求存在共性的邻近地区。以果川新城为例,大生活圈为1个邻里中心规模,人口规模为1万~2万人,小学和邻里中心的服务半径为400~800 m。在木洞新区的规划设计中,则由3个大生活圈、10个中生活圈和20个小生

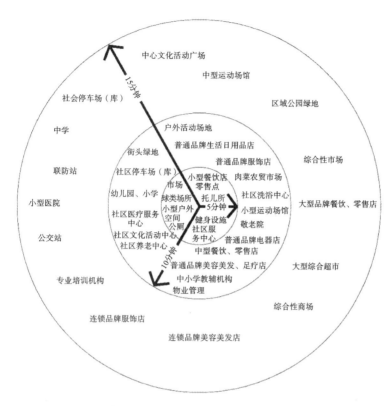

图 4.1　各级生活圈居住区配套设施圈层布局示意图

活圈组成,小生活圈的服务半径为 200～300 m(图 4.2)。

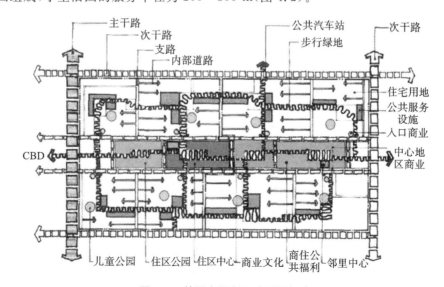

图 4.2　韩国木洞新区生活圈概念

4.2 居住区配套设施的服务内容与分类

4.2.1 居住区配套设施的服务内容

（1）丰富多元的文化服务。文化设施的配置已经成为引领全球城市发展,彰显文化水平的重要因素。以新加坡、伦敦为例,文化类服务设施开始呈现出小型化、多样化、全覆盖的网络格局。

（2）老有所养的乐龄生活。针对中国老人与后辈相互依赖的特点,建议搭建"以居家养老为基础、社区养老为依托、机构养老为支撑"的养老体系,重点补充社区内的养老、托老设施。

（3）学有所成的终身教育。"终身教育"是联合国教科文组织 1965 年提出的,并已成为极其重要的教育理念在全球广泛传播。上海 2040 总体规划中,也将其作为重要的目标策略之一,重点依托社区发展老年大学等各类教育设施。

（4）全面管理的健康服务。顺应群众日益增强的健康服务需求,由病时就诊的医疗服务,逐步向实时健康管理的服务理念转变,切实提高健康服务水平。

（5）无处不在的健身空间。从全球城市的全民建设发展趋势来看,运动场所已不局限于体育场馆内,结合城市道路、公园绿地、文化设施及商务空间,设置慢跑道、自行车道和健身器械,实现了体育运动在生活中无所不在的目标。

（6）便民多样的商业服务。从荷兰鹿特丹菜场以及上海便利店快速发展的案例来看,商业服务设施未来将呈现多样化和便捷化的特征,体验感将进一步加强,服务半径将日益缩减。

4.2.2 居住区配套设施的分类

居住区的配套设施一般按服务对象、功能性质、配建层次和使用频率等来进行分类。

1. 按配套设施的服务对象分类

按服务对象可分为与人活动相关的生活服务设施和与建筑或系统运行相关的支撑类设施。生活服务设施是指为居民日常生活服务的设施,包括文化设施、教育设施、体育设施、医疗卫生设施、社会福利设施、社区管理与服务设施、交通设施和部分市政设施(公厕)等。支撑类设施是按照一定服务范围配建保障建筑正常运行的设施,包括大部分市政设施,例如开闭所、燃料供应站、燃气调压站、供热站等。

2. 按配套设施的功能性质分类

按照现行国家标准《城市用地分类与规划建设用地标准》(GB 50137—2011)的有关规定,居住区配套设施用地性质不尽相同。15 分钟、10 分钟两级生活圈居住区配套设施用地属于城市级设施,主要包括公共管理与公共服务设施用地(A 类用地）、商业服务业设施用地（B 类用地）、交通场站用地（S4 类用地）和公用设施用地（U 类用地）；5 分钟生活圈居住区的配套设施，即社区服务设施属于居住用地中的服务设施用地（R12、R22、R32 类用地）；居住街坊的便民服务设施属于住宅用地可兼容的配套设施（R11、R21、R31 类用地）。

3. 按配套设施的配建层次分类

以居住区配套设施的服务半径大小，不同生活圈满足不同居民实际生活需求的原则，按配建层次可分为 15 分钟生活圈居住区配套设施、10 分钟生活圈居住区配套设施、5 分钟生活圈居住区配套设施和居住街坊配套设施四类，并分别进行设置。15 分钟和 10 分钟生活圈居住区配套设施主要包括城市基层公共文化设施、教育设施、公共体育设施、医疗卫生设施、社会福利设施、公共管理设施、商业服务设施以及交通设施和公用设施等；5 分钟生活圈居住区配套设施主要是社区服务设施；居住街坊配套设施主要是便民服务设施（图 4.3）。

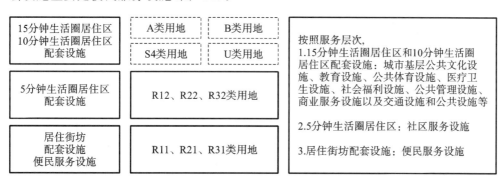

图 4.3 多层次配置

4. 按配套设施的使用频率分类

按照居民的使用频率，居住区配套设施可分为居民每日或经常使用的配套设施和居民必要的非经常使用的配套设施两类。居民每日或经常使用的配套设施一般属于居住街坊、5 分钟生活圈和 10 分钟生活圈，方便居民日常生活使用，宜分散布置；居民必要的非经常使用的配套设施一般属于 15 分钟生活圈，提供综合服务以方便居民多种生活需求，宜集中布置。

5. 按营利性与非营利性分类

在社会主义市场经济体制下，居住区配套设施可分为营利性和非营利性（公益性）两类。部分营利性和非营利性设施见表 4.1。

表 4.1 部分营利性和非营利性设施表

类型	主要设施	性质
商业设施	小型超市、菜市场、综合百货商场、旅店、饭馆、银行、邮电局、储蓄所	营利性

续表

类型	主要设施	性质
教育设施	托儿所、幼儿园、小学、普通小学	公益性
文化运动设施	文化活动中心(文化馆)、文化活动站、居民运动场	公益性、营利性
医护设施	门诊所、卫生站、医院	公益性
社区设施	社区活动(服务)中心、物业管理公司、街道办事处	公益性

在某些情况下,公益性设施与营利性设施的界线并不清晰,一些公益性的设施可能并不是纯公益性的,如某些特殊类型的教育设施和医护设施。同时,一些公共服务设施也越来越趋向于功能的综合化,因此很难明确地将它们划归在某一个服务内容中,如社区活动中心可能是多种类型公共服务设施的综合体等。

4.3 配套设施指标的制定与使用

4.3.1 配套设施指标的制定

居住区配套设施指标一般由国家统一制定。有条件的省、市可根据国家标准制定适合本省、市的定额标准。合理的居住区配套设施指标不仅有关居民的生活,而且涉及投资和城市土地的合理使用。影响居住区配套设施指标的因素较多,如当前国家的经济水平和居民的经济收入,建造地段原有配套设施的可利用程度,或附近居民的实际需要、人口结构以及配套设施本身的合理规模效益等。例如,确定幼托机构的指标时,不仅要考虑适龄儿童的比例,还要预计到今后的出生率、入托率和入幼率等。居住区配套设施指标的制定是一项较复杂和细微的工作,是一项涉及面很广的城市建设的技术政策。只有通过对各行各业的大量调查研究和预测,并不断地总结经验,才能制定出符合一定时期国家经济和人民生活水平的居住区配套设施的指标体系。

居住区配套设施指标包括建筑面积和用地面积两个方面。其计算方法有千人指标、千户指标和民用建筑综合指标等,我国居住区规划一般以千人指标为主。千人指标即每千居民拥有各项配套设施的建筑面积和用地面积。由于千人指标是一个包含了多种影响因素的综合性指标,因此具有总体控制作用。配套设施的类别和指标按照"15分钟生活圈居住区—10分钟生活圈居住区—5分钟生活圈居住区—居住街坊"分级配置(表4.2)。

表 4.2　配套设施控制指标　　　　　　　　　　　单位:m²/千人

类别		15 分钟生活圈居住区		10 分钟生活圈居住区		5 分钟生活圈居住区		居住街坊	
		用地面积	建筑面积	用地面积	建筑面积	用地面积	建筑面积	用地面积	建筑面积
总指标		1600～2910	1450～1830	1980～2660	1050～1270	1710～2210	1070～1820	50～150	80～90
其中	公共管理与公共服务设施 A 类	1250～2360	1130～1380	1890～2340	730～810	—	—	—	—
	交通场站设施 S 类	—	—	70～80	—	—	—	—	—
	社区服务设施 R12、R22、R32	—	—	—	—	1710～2210	1070～1820	—	—
	便民服务设施 R11、R21、R31	—	—	—	—	—	—	50～150	80～90

　　注:(1)15 分钟生活圈居住区指标不含 10 分钟生活圈居住区指标,10 分钟生活圈居住区指标不含 5 分钟生活圈居住区指标,5 分钟生活圈居住区指标不含居住街坊指标;

　　(2)配套设施用地应含与居住区分级对应的居民室外活动场所用地,未含高中用地、市政公用设施用地,市政公用设施应根据专业规划确定。

4.3.2　配套设施指标的使用

　　表 4.2 中的相关控制指标,是综合分析了我国已建居住区的建设实例,同时落实国家有关公共服务的基本要求,对居住区配套设施建设进行总体控制的指标。各层级居住区配套设施"千人指标"均为不包含关系,以便使用者更加明确地把握各级居住区配套设施的项目内容、建筑面积和用地面积的对应关系。例如在控制性详细规划中,规划 15 分钟生活圈居住区级配套设施时,用地面积和建筑面积指标可直接使用表 4.2 中的相关指标,但计算 15 分钟生活圈居住区内所有设施用地或建筑面积时,应叠加 15 分钟、10 分钟、5 分钟生活圈居住区的配套设施用地面积和建筑面积;规划 10 分钟生活圈居住区级配套设施时,用地面积和建筑面积可直接使用表 4.2 中的相关指标,但计算 10 分钟生活圈居住区内所有设施用地面积和建筑面积时,应叠加 10 分钟、5 分钟生活圈居住区配套设施的所有用地面积。

　　居住人口规模处于居住街坊、5 分钟生活圈、10 分钟生活圈、15 分钟生活圈之间的居住区,在规划配套设施时,如出现居住人口规模与服务人口规模不匹配时,应根据规划用地四周的设施条件,对配套设施项目进行总体统筹。以人口规模处于5分钟生活圈居住区和10分钟生活圈居住区之间为例,配套设施应优先保障5分钟生活圈居住区的配套设施配置完善,同时对居住区所在周边地区10分钟生活圈居住区配套设施配置的情况进行校核,然后按需补充必要的10分钟生活圈居住区配套设施。如规划用地周围已有相关配套设施可满足本居住区使用要求时,新建配套设施项目及其建设规模可酌情减少;当周围相关配套设施不足或规划用地内的配套设施需兼顾为附近居民服务时,该配套设施及其建设规模应随之增加以满足实际需求。

各城市可以根据自身的生活习惯、生活服务需求水平、气候及地形等因素,制定本地居住区配套设施标准,其配套设施内容和控制指标可根据居住区周围现有的设施情况,在配建水平上相应增减,但不应低于表4.2中15分钟生活圈居住区内配套设施千人指标的总体控制要求。

居住区配套设施是指基本的生活服务设施,商业服务业设施在不同城市的发展状况差异较大,各城市可根据自身特点和实际需求提高控制指标。

4.4 配套设施规划建设布局的基本原则

配套设施作为承载居住区公共服务的重要物质载体,对其进行科学合理的配置,是缩小居住区内各住户公共服务差异、实现居住区公共服务均等化的重要途径,居民的日常出行方式、出行时间以及行为偏好等因素对配套设施服务效果的发挥具有重要影响。

引入"生活圈"的概念,回归居住区配套设施服务品质本身,用步行时间的概念表达空间服务的尺度,既能保证配套设施的完善,也能合理引导街道、社区的规模。从社区居民行为需求的角度优化、调整空间供给,以人的活动特征和需求为出发点,全面关注居住区生活品质的提升,应对多元化的居住区发展需求,在传统的物质规划方法上更加强调以人为本,强调不同生活圈要满足不同的生活需求。越必需、越常用、方便度越高的设施,服务半径越小,尤其是70岁以上的老人和学龄前儿童的日常活动空间相对狭小,大多集中在离家300~500 m的范围内。

居住区配套设施应遵循配套建设、方便使用、统筹开放、兼顾发展的原则进行配置,还应坚持开放共享的原则,例如中、小学的体育活动场地宜错时开放,作为居民的体育活动场地,提高公共空间的使用效率。配套设施布局应综合统筹规划用地的周围条件、自身规模、用地特征等因素,并应遵循集中和分散布局兼顾、独立和混合使用并重的原则,集约、节约使用土地,提高设施使用的便捷性。

居住区各项配套设施的建设布局应符合以下五项规定:

(1) 15分钟和10分钟生活圈居住区配套设施,应依照其服务半径相对居中布局;

(2) 15分钟生活圈居住区配套设施中,文化活动中心、社区服务中心(街道级)、街道办事处等服务设施宜联合建设并形成街道综合服务中心,其用地面积不宜小于

1 hm²；

（3）5 分钟生活圈居住区配套设施中，社区服务站、文化活动站（含青少年、老年活动站）、老年人日间照料中心（托老所）、社区卫生服务站、社区商业网点等服务设施，宜集中布局、联合建设，并形成社区综合服务中心，其用地面积不宜小于 0.3 hm²；

（4）旧区改建项目应根据所在居住区各级配套设施的承载能力合理确定居住人口规模与住宅建筑容量；当不匹配时，应增补相应的配套设施或对应控制住宅建筑增量；

（5）将综合服务设施建设纳入国土空间规划，推进新建社区综合服务设施标准化规范化建设，确保新建社区商业和综合服务设施面积达标。实施城乡社区综合服务设施补短板工程，鼓励通过换购、划拨、租借等方式，统筹利用社区各类存量房屋资源增设服务设施。

目前居住区配套设施规划管控通常根据千人指标的配套要求，采用图标形式在控制性详细规划中标注管理，在实际建设中由开发建设项目进行配套建设。由于缺乏详细的规范和建设控制要求，很多城市的社区工作用房和居民公益性服务设施分散、位置偏僻，导致使用不便，配套设施长期不能配齐。因此，新标准明确规定，有条件的城市新区应鼓励基层公共服务设施（尤其是公益性设施）集中或相对集中配置，打造城市"小、微中心"，为城市居民提供便捷的"一站式"公共服务，方便居民使用（图4.4）。15 分钟和 10 分钟生活圈居住区配套设施中，同级别的公共管理与公共服务设施、商业服务业设施、公共绿地宜集中布局，可通过规划将由政府负责建设或保障建设的公益服务设施（如文体设施、医疗卫生设施、养老设施等）集中布局，来引导市场化配置的配套设施建设，形成居民综合服务中心。

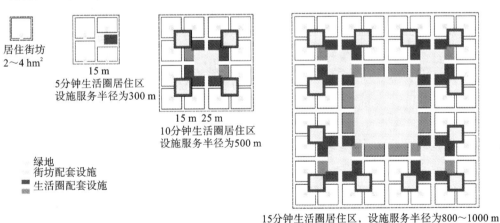

居住街坊
2～4 hm²

15 m
5分钟生活圈居住区
设施服务半径为300 m

15 m 25 m
10分钟生活圈居住区
设施服务半径为500 m

绿地
街坊配套设施
生活圈配套设施

15分钟生活圈居住区，设施服务半径为800～1000 m

图 4.4 配套设施规划建设布局示意

在居住区土地使用性质相容的情况下，还应鼓励配套设施的联合建设，15 分钟、10 分钟生活圈居住区宜将文化活动中心、街道服务中心、街道办事处、养老院等设施集中布局，形成街道综合服务中心（表 4.3）。5 分钟生活圈居住区配套设施规模较小，更应鼓励社区公益性服务设施和经营性服务设施组合布局、联合建设，鼓励社区服务设施中社区服务站、文化活动站(含青少年、老年活动站)、老年人日间照料中心(托老所)、社区卫生服务站、社区商业网点等设施联合建设,形成社区综合服务中心(表4.4)。独立占地的街道综合服务中心用地和社区综合服务中心用地应包括同级别的体育活动场地。居住街坊配套设施设置规定参见表4.5。

表 4.3　15 分钟、10 分钟生活圈居住区配套设施设置规定

类别	序号	项目	15 分钟生活圈居住区	10 分钟生活圈居住区	备注
公共管理和公共服务设施	1	初中	▲	△	应独立占地
	2	小学	—	▲	应独立占地
	3	体育馆(场)或全民健身中心	△	—	可联合建设
	4	大型多功能运动场地	▲	—	宜独立占地
	5	中型多功能运动场地	—	▲	宜独立占地
	6	卫生服务中心(社区医院)	▲	—	宜独立占地
	7	门诊部	▲	—	可联合建设
	8	养老院	▲	—	宜独立占地
	9	老年养护院	▲	—	宜独立占地
	10	文化活动中心(含青少年、老年活动中心)	▲	—	可联合建设
	11	社区服务中心(街道级)	▲	—	可联合建设
	12	街道办事处	▲	—	可联合建设
	13	司法所	▲	—	可联合建设
	14	派出所	△	—	宜独立占地
	15	其他	△	△	可联合建设
商业服务业设施	16	商场	▲	▲	可联合建设
	17	菜市场或生鲜超市	—	▲	可联合建设
	18	健身房	△	△	可联合建设
	19	餐饮设施	▲	▲	可联合建设
	20	银行营业网点	▲	▲	可联合建设
	21	电信营业网点	▲	▲	可联合建设
	22	邮政营业场所	▲	—	可联合建设
	23	其他	△	△	可联合建设
市政公用设施	24	开闭所	▲	△	可联合建设
	25	燃料供应站	△	△	宜独立占地
	26	燃气调压站	△	△	宜独立占地
	27	供热站或热交换站	△	△	宜独立占地

续表

类别	序号	项目	15分钟生活圈居住区	10分钟生活圈居住区	备注
市政公用设施	28	通信机房	△	△	可联合建设
	29	有线电视基站	△	△	可联合设置
	30	垃圾转运站	△	△	应独立占地
	31	消防站	△	—	宜独立占地
	32	市政燃气服务网点和应急抢修站	△	△	可联合建设
	33	其他	△	△	可联合建设
交通场站	34	轨道交通站点	△	△	可联合建设
	35	公交首末站	△	△	可联合建设
	36	公交车站	▲	▲	宜独立设置
	37	非机动车停车场（库）	△	△	可联合建设
	38	机动车停车场（库）	△	△	可联合建设
	39	其他	△	△	可联合建设

表 4.4 5 分钟生活圈居住区配套设施设置规定

类别	序号	项目	5分钟生活圈居住区	备注
社区服务设施	1	社区服务站（含居委会、治安联防站、残疾人康复室）	▲	可联合建设
	2	社区食堂	△	可联合建设
	3	文化活动站（含青少年活动站、老年活动站）	▲	可联合建设
	4	小型多功能运动（球类）场地	▲	宜独立占地
	5	室外综合健身场地（含老年人户外活动场地）	▲	宜独立占地
	6	幼儿园	▲	宜独立占地
	7	托儿所	△	可联合建设
	8	老年人日间照料中心（托老所）	▲	可联合建设
	9	社区卫生服务站	△	可联合建设
	10	社区商业网点（超市、药店、洗衣店、美发店等）	▲	可联合建设
	11	再生资源回收点	▲	可联合设置
	12	生活垃圾收集站	▲	宜独立设置
	13	公共厕所	▲	可联合建设
	14	公交车站	△	宜独立设置

续表

类别	序号	项目	5分钟生活圈居住区	备注
社区服务设施	15	非机动车停车场（库）	△	可联合建设
	16	机动车停车场（库）	△	可联合建设
	17	其他	△	可联合建设

表4.5　居住街坊配套设施设置规定

类别	序号	项目	居住街坊	备注
便民服务设施	1	物业管理与服务	▲	可联合建设
	2	儿童、老年人活动场地	▲	宜独立占地
	3	室外健身器械	▲	可联合设置
	4	便利店（菜店、日杂等）	▲	可联合建设
	5	邮件和快递送达设施	▲	可联合设置
	6	生活垃圾收集点	▲	宜独立设置
	7	居民非机动车停车场（库）	▲	可联合建设
	8	居民机动车停车场（库）	▲	可联合建设
	9	其他	△	可联合建设

　　需要注意的是，在表4.3至表4.5中：▲为应配建的项目，△为根据实际情况按需配建的项目；在国家确定的一、二类人防重点城市，应按人防有关规定配建防空地下室。

　　城市旧区改建项目应综合考虑周边居住区各级配套设施建设实际情况，合理确定改建项目人口容量与建筑容量，旧区改建项目的人口规模变化较大时，应综合考虑居住人口规模变化对居住区配套设施需求的影响，增补必要的配套设施。补建的配套设施，应尽可能满足各类设施的服务半径要求，其设施规模应与周边服务人口相匹配，可通过分散多点的布局方式满足千人指标的配建要求。

4.5　居住区配套设施规划建设控制要求

　　随着城市的快速发展，城市规模不断扩张，便捷的交通体系加剧了城市内部时空压缩，城市设施的可使用率看起来似乎是同步提升。但是，对于城市住区居民而言，除了忙碌的工作，其日常的主要活动大多仍固化于生活圈内，生活中重要的体验感亦主要来自邻近设施的互动。而在实际生活中，居住区公共服务设施的配置常常难以满足居民需求，因此居住区生活圈内公共服务设施的覆盖率与使用率日渐成为设施布局中的重点与难点。

居住区配套设施规划应满足系统化、综合化、步行化、景观化、社会化、设备完善化等特征，并按照分级配套原则，与生活圈圈层结构相适应(图 4.5)。各级配套设施应设在交通比较方便、人流比较集中的地段，并考虑居民上下班的走向，同时宜与相应的公共绿地相邻布置，或靠近河湖水面等一些能较好体现城市建筑面貌的地段。

图 4.5　居住区生活圈配套设施布局示意图

4.5.1　营造合理、多元的用地混合格局

通过社区功能的混合布局和土地的复合利用，使居住用地与其他功能用地进行混合，促进居住与就业适度平衡，创造兼容并包、富有活力的社区。

（1）住宅、商业、工业等土地混合使用，确定其合理的比例。

（2）在新型居住区的开发建设过程中，宜按照慢行交通优先、配套设施功能完善的原则，引导不同人群就近居住、就业、休闲和娱乐，进一步提升和完善城市功能，为居民日常各项活动节约时间。

（3）宜对地下空间进行合理的规划研究，推动城市地下空间的合理开发利用，确保地下空间按照统一规划有序进行建设。

4.5.2　创建丰富、便捷的社区服务

1. 提供高品质的社区服务

建设高品质的地区级体育馆、图书馆和青少年活动中心，保证居民能够利用休闲时间到这类场所进行锻炼、阅读及开展亲子文体活动，丰富居民的业余生活。

按照 4~5 个居住区生活圈，满足 20 万左右居民的高品质公共服务需求的比例，对地区级公共服务设施中心进行配置，优先配置居民迫切需求的体育场馆、图书馆、

博物馆以及剧院等文化设施和医疗中心等,形成功能完善的城市公共服务设施体系(图4.6)。同时,应提高从各个社区生活圈中心到地区服务设施中心的公共交通便捷度,结合轨道交通站点进行紧凑、高密度的综合开发,加强空间的连通和功能的融合。

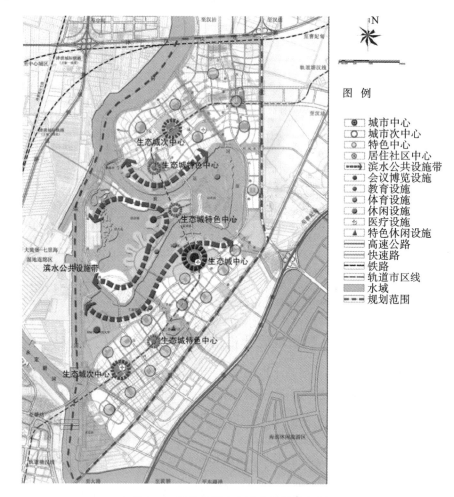

图4.6 天津中新生态城公共设施规划

2. 多层次的社区服务体系

根据居民步行能够承受的时间对不同圈层进行划分,根据不同圈层,差异化布置各类公共服务设施,提升服务质量和效率,构建步行可达、活力向上的居住区生活圈。

3. 便捷可达的平面布局

对居住区内不同居民群体的外出活动规律进行总结分析和调查研究,根据结果对各类配套设施进行差异化布局,使各类设施的空间布局与不同居民群体的外出活动规律相适应。

(1)根据居民对配套设施的使用频率和步行到达的需求程度,以家庭为核心,将公共服务设施按照"5 分钟—10 分钟—15 分钟"圈层进行布局。

（2）以儿童、老人以及上班族等不同居民群体的日常活动特征为依据，将使用频率较高的设施按照步行可达的尺度合理布局，分别形成具有明显层次的设施圈。上班族对设施与设施之间的步行关联度要求较高，上班族高关联度的设施群集中在文体类设施和社区级开放空间之间。60 岁以上老人和学龄儿童对设施与设施之间的步行关联度要求也较高，老人高关联度的设施群以菜场为核心展开。70 岁以上的老人和学龄前儿童则对家与设施之间的步行关联度要求较高。图 4.7 是某片区 5 分钟生活圈配套设施布局图，该片区社区中心包括社区服务中心、社区综合性文化服务中心、社区体育中心、社区卫生服务站、日间照料中心、老年服务站、小型商业金融服务设施等。

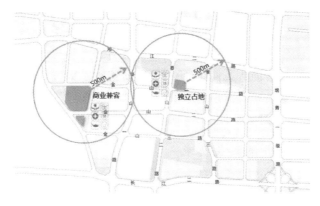

图 4.7　某片区 5 分钟生活圈配套设施布局

（3）利用步行道将各类设施和公共空间连接起来，利用绿植和小品提升道路两侧的环境水平，营造活力便捷、空间景观优美的外出环境，引导更多居民选择步行的出行方式，增进社区居民之间的联系和交流（图 4.8）。

图 4.8　步行道联系的各类设施和公共空间

4. 复合高效的空间布局

在统筹考虑布局要求和使用需要的前提下，对各类配套设施进行综合设置，进一步整合居住区内各类可共享的功能空间，构建一个复合高效、共建共享的设施圈。

（1）考虑设施的布局要求和使用需要，可将各类配套设施划分为三种形式：独立占地、合并设置（不独立占地但有独立建筑使用空间）和共享使用（部分建筑空间由多个设施不同时段共享使用，或单个设施开放给不同人群使用）。

（2）需独立占地的设施,如派出所、综合运动场、社区卫生服务中心、福利院等,对于服务功能和方式相似的公共服务设施,在相互不发生干扰的情况下宜尽量邻近布置,以便集中提供各类公共服务,为办事群众提供便利,有助于发挥各类设施的综合效益。

（3）除上述需独立占地的设施外,对于功能关联度较高或可兼容的公共服务设施宜合并设置,在保证服务水平不下降的前提下,其用地面积和建筑面积标准可适当降低。在满足使用功能且相互之间不存在干扰的前提下,宜在垂直层面进行综合设置,形成功能完善的复合体。

（4）针对不同人群对于各类设施功能空间的需求,对于一些可共享的功能空间应予以整合,最大限度加大对空间的利用程度,形成机动高效的空间利用模式。

（5）图书馆等文化设施宜与商务、商业功能综合设置,有助于提高实体商业活力和居民参与度。运动场地宜与其他公共空间复合建设,为居民提供多样化、便捷度高的健身场地。各类学校的图书馆、体育馆、运动场及体育设施,在确保安全及不影响教学秩序的前提下,积极创造条件向社会开放,可采取分时间段开放的方式,为公众提供更多的阅读、健身场所。老年活动中心、培训中心等可与社区文化活动中心共享教室、活动室等设施,通过共享使用,达到建筑空间利用的高效化、集约化。

4.5.3 配套设施设置的有关要求

1. 15 分钟生活圈居住区、10 分钟生活圈居住区配套设施

（1）教育设施。

初中、小学的建筑面积规模与用地规模应符合国家现行有关标准的规定。中、小学设施宜选址于安全、方便、环境适宜的地段,同时宜与绿地、文化活动中心等设施相邻,选址应避开城市干道、交叉口等交通繁忙的路段,还应考虑车流、人流交通的合理组织,减少学校与周边城市交通的相互干扰。承担城市应急避难场所的学校,要坚持节约资源、合理利用、平灾结合的基本原则,并符合相关国家标准的规定。学校体育场地是城市体育设施的重要组成部分,合理利用学校体育设施是节约与合理利用土地资源的有效措施,同时应鼓励学校体育设施向周边居民错时开放。

根据教育部门相关研究预测,二孩政策后人口出生率将从目前的 12‰提高到 16‰。据此测算,15 分钟生活圈居住区居住人口规模下限宜配置 2 所 24 班初中,居住人口规模上限宜配置 1 所 24 班初中和 2 所 36 班初中。10 分钟生活圈居住区人口规模下限宜配置 1 所 36 班小学,居住人口规模上限宜配置 1 所 24 班小学和 1 所 30 班小学。

幼儿园等教育机构用地不属于公共管理与公共服务设施用地,其用地划归到社区服务设施。

（2）文化体育设施。

根据《公共文化体育设施条例》的规定,公共文化体育设施的数量、种类、规模以及布局,应当根据国民经济和社会发展水平、人口结构、环境条件以及文化体育事业发展的需要,统筹兼顾,优化配置。

随着居民生活水平的提升,大众健康和文化意识不断加强,居住区文化体育设施使用人群不断扩大,已经接近全民参与,因此居住区文化体育设施应布局于方便安全、人口集中、便于群众参与、对生活干扰小的地段。

文化体育设施需要一定的服务人口规模才能维持其运行,因此相对集中的设置既有利于多开展一些项目,又有利于设施的经营管理和土地的集约使用。居住区文化体育设施应合理组织人流、车流,宜结合公园绿地等公共活动空间统筹布局,还应避免或减少对医院、学校、幼儿园和住宅等的影响(图 4.9)。

图 4.9　15 分钟、10 分钟生活圈居住区文化体育设施

承担城市应急避难场所的文化体育设施,建设标准应符合国家相关标准的规定。与原规范相比,新标准增加了大、中型多功能运动场项目,并提出了各类球类场地宜适当结合居住区公园等公共活动空间统筹布局。

(3) 医疗卫生设施。

居住区卫生服务设施以社区卫生服务中心为主体,应布局在交通方便、环境安静地段,宜与养老院、老年养护院等设施相邻,不宜与菜市场、学校、幼儿园、公共娱乐场所、消防站、垃圾转运站等设施毗邻,其建筑面积与用地面积规模应符合国家现行有关标准的规定。

(4) 社会福利设施。

居住区需要配置的社会福利设施涉及养老院、老年养护院,同时应将老年人日间照料中心(托老所)纳入社区服务设施进行配套。养老院、老年养护院的选址应满足地形平坦、阳光充足、通风和绿化环境良好,便利于周边的生活、医疗等公共服务设施的要求。养老院、老年养护院还宜邻近社区卫生服务中心设置,并方便亲属探望。同时,为缓解老年人的孤独感,可邻近幼儿园、小学以及公共服务中心等设施布局。

(5) 行政办公设施。

居住区管理与服务类设施应考虑与我国民政基层管理层级对应,即对应街道、社区两级。其中 15 分钟生活圈居住区配建的社区服务中心(街道级)属于城市公共管理与公共服务设施,5 分钟生活圈居住区配建的社区服务站属于社区服务设施。《"十四五"城乡社区服务体系建设规划》明确了 2025 年城乡社区服务体系建设主要指标的目标值:每百户居民拥有社区综合服务设施面积不低于 30 m²,城市社区综合服务设施覆盖率达到 100%,农村社区综合服务设施覆盖率达到 80%,每万城镇常住人口拥有社区工作者 18 人。随着社会的不断发展,街道和社区服务职能不断扩大,因此在规划、配置街道办事处和社区服务中心(街道级)时应留有一定的发展空间(图 4.10)。

图 4.10 天津中心生态城第三社区服务中心

(6)商业服务业设施。

菜市场既是广大居民日常生活必需的基本保障性商业类设施,又具有市场化经营的特点。考虑到市场经营的规模化需求,菜市场应布局在 10 分钟生活圈居住区服务范围内,应设置在方便运输车辆进出、相对独立的地段,并应配建机动车、非机动车停车场;宜结合居住区各级综合服务中心布局,并符合环境卫生的相关要求。菜市场建筑面积宜为 750～1500 m²,生鲜超市建筑面积宜为 2000～2500 m²。其他基层商业设施还包括综合超市、理发店、洗衣店、药店、金融网点、电信网点和家政服务点等,可设置于住宅底层。银行、电信、邮政营业场所宜与商业中心、各级综合服务中心结合或邻近设置。

(7)公用设施与公共交通场站设施。

交通场站设施中,非机动车停车场和机动车停车场配置指标除考虑各城市机动车发展水平外,在 15 分钟和 10 分钟生活圈居住区,宜结合公共交通换乘接驳地段设置非机动车停车场。还应考虑共享单车的停车布局问题,宜在距离轨道交通站点非机动车车程 15 分钟内的居住街坊入口处设置不小于 30 m² 的非机动车停车场。居住区配建停车场(库)的停车位控制指标见表 4.6。

表 4.6 居住区配建停车场(库)的停车位控制指标

单位:个/100 m²(建筑面积)

名称	非机动车	机动车
商场	≥7.5	≥0.45
菜市场	≥7.5	≥0.30
街道综合服务中心	≥7.5	≥0.45
社区卫生服务中心(社区医院)	≥1.5	≥0.45

2. 5 分钟生活圈居住区配套设施

(1)社区管理与服务设施。

社区服务站含服务厅、警务室、社区办公室、居民活动用房(活动室、阅览室等),应承担老年人服务中心功能,为老年人提供家政服务、旅游服务、金融服务、代理服务、法律咨询等。

(2)文化体育设施。

社区文化体育设施包括文化活动站、小型多功能活动场地和室外综合健身场地(含老年人户外活动场地),是社区服务设施的重要内容,儿童、老年人和残疾人是社区文化体育设施的重要使用者,该群体对文化体育设施的利用频率高,而自身的活动能力有一定的限制,其需求和使用特征应着重考虑。文化活动站应满足周边居民对室内文化活动的需求,尤其是满足老年人休闲娱乐、学习交流、康体健身(室内)等功能要求,同时宜增加儿童之家的相应服务功能。社区体育设施配置了小型多功能活动场地,其中包括给老年人活动的门球场地,宜结合中心绿地布局,并应提供休憩服务和安全防护措施。老年室外活动以锻炼身体、交流游憩为主,应充分考虑老年人活动特点,做好动静分区,同时应在老年人活动场地附近设置公共卫生间。室外综合健身场地主要作为老年人健身活动的场地,可服务于广场舞等活动,但应避免活动产生的噪声扰民。

(3)教育设施。

新建幼儿园宜独立占地,不应与不利于幼儿身心健康以及危及幼儿安全的场所毗邻,并应设置于阳光充足、接近集中绿地、便于家长接送的地段。幼儿园的建筑面积规模和用地规模应符合相关控制要求(《幼儿园建设标准》(建标 175—2016))。

5 分钟生活圈居住区居住人口规模下限宜配置 1 所 12 班幼儿园,每班 20 人;居住人口规模上限宜配置 1 所 6 班幼儿园和 1 所 12 班幼儿园,每班 35 人。

托儿所设施主要服务于 3 周岁之前的婴幼儿,其单项设施建筑规模和用地面积结合托儿所设置的具体规模、婴幼儿的年龄情况综合确定。

(4)社区医疗卫生设施。

在人口较多、服务半径较大、社区卫生服务中心难以覆盖的社区,需要设置社区卫生站加以补充。社区卫生服务站可与药店、托老所综合设置,并安排在建筑首层,有独立出入口。

3. 居住街坊配套设施

物业管理用房是针对居住开发建设项目而配置的,按照国家的相关要求,宜按照不低于物业总建筑面积的 2‰配置。

居住街坊的文化体育设施主要考虑为活动范围较小的儿童和老年人使用,应设置儿童活动场地、老年人室外活动场地。居住街坊设置的老年人室外活动场地是指老年人的健身器械、散步道以及亭廊桌椅等休憩设施。从老年人生理和心理特点出发,居住街坊的老年人、儿童活动场地宜结合街坊附属绿地设置,以提高公共空间的利用率。

老年人室外活动场地冬日要有温暖日光,夏日应考虑遮阳。同时由于南北方气候差异,在设计老年人室外活动场地时,考虑到地域气候不同,南方地区日照比较强烈,日照时间长,应侧重考虑设置遮阴场所;而北方冬季较长,应侧重考虑设置冬季避风场所。

居住区配套设施规划建设控制要求参见本书附录 A～附录 C。

贯彻以人为本、全面协调可持续发展的科学发展观

中共中央总书记胡锦涛在 2003 年 7 月 28 日的讲话中提出"坚持以人为本,树立全面、协调、可持续的发展观,促进经济社会和人的全面发展",按照"统筹城乡发展、统筹区域发展、统筹经济社会发展、统筹人与自然和谐发展、统筹国内发展和对外开放"的要求推进各项事业的改革和发展的方法论——科学发展观,也是中国共产党的重大战略思想。

以人为本,就是要把人民的利益作为一切工作的出发点和落脚点,不断满足人们的多方面需求和促进人的全面发展;全面,就是要在不断完善社会主义市场经济体制,保持经济持续快速协调健康发展的同时,加快政治文明、精神文明的建设,形成物质文明、政治文明、精神文明相互促进、共同发展的格局;协调,就是要统筹城乡协调发展、区域协调发展、经济社会协调发展、国内发展和对外开放;可持续,就是要统筹人与自然和谐发展,处理好经济建设、人口增长与资源利用、生态环境保护的关系,推动整个社会走上生产发展、生活富裕、生态良好的文明发展道路。

居住区是一个多元多层次结构的物质与精神的载体。居住区以居住功能为主兼容服务、交通、工作、休憩等多种功能,各功能空间既相对独立自成系统,又相互联系形成一个有机的整体。科学发展观的思想具体体现以下方面。

(1)以人为本。为促进公共服务均等化,配套设施配置应对应居住区分级控制,以居住人口规模和设施服务范围(服务半径)为基础分级提供配套服务。结合居民对各类设施的使用频率和设施运营的合理规模,配套设施分四级,包括十五分钟、十分钟、五分钟三个生活圈居住区层级的配套设施和居住街坊层级的配套设施。配套设施是构成居住区功能的核心要素,应与居住区规划结构、功能布局紧密结合,并与住宅、道路、绿化同步建设,以满足居民物质与精神生活的多层次需要。

(2)全面。随着社会、经济、科技的发展进步,人们的生活方式和思想观念也在不断改变,对居住区的规模标准、设施配套、管理机制等提出了不同程度的要求,同时由于地域性发展的不均衡性,也使消费人群增添了不定性和多样性,居住区规划必须提供多元化的结构和空间布局应对多种需求。

(3)协调。住宅用地,在居住区内不仅占地最大,其住宅的建筑面积及其所围合的宅旁绿地在建筑和绿地中也是比重最大的。住宅用地的规划设计对居住生活质量、居住区以及城市面貌、住宅产业发展都有着直接的影响,住宅用地规划设计应协调多种因素,如:住宅选型、住宅的合理间距与朝向、住宅群体组合、空间环境及住宅层数密度等。

（4）可持续。城市是人类经济和社会活动最为集中的地域，城市的可持续发展对实现全人类可持续发展关系重大，必须从城市可持续发展的角度，在居住区交通组织、环境与土地资源、能源结构与利用效率、基础设施、建筑节能、施工技术与教育发展等诸多领域谋划未来的可持续发展。

复习思考题

1. 城市居住区配套设施定义的术语标准。

2. 居住区配套设施具体包括哪五种分类方式？

3. 居住区各项配套设施的建设布局应符合哪些规定？

4. 如何构建一个复合高效的设施圈空间布局？

5. 简述 15 分钟生活圈居住区、10 分钟生活圈居住区、5 分钟生活圈居住区以及居住街坊的配套设施设置的有关要求。

6. 什么是千人指标？如何应用？

第5章 居住区道路系统及停车设施规划设计

居住区道路是城市道路系统的组成部分，也是承载城市生活的主要公共空间。居住区道路的规划建设应体现以人为本，提倡绿色出行，综合考虑城市交通系统特征和交通设施发展水平，满足城市交通通行的需要，融入城市交通网络，采取尺度适宜的道路断面形式，优先保证步行和非机动车的出行安全、便利和舒适，形成宜人宜居、步行友好的城市街道，并应符合现行国家标准《城市综合交通体系规划标准》(GB/T 51328—2018)的有关规定。

5.1 居住区道路的功能和分级

5.1.1 功能要求

居住区道路系统承载着居民出行、连接其他片区的功能，既是城市道路交通的重要构成部分，也是居住区空间形态的骨架，是居住区功能布局的基础。在居民的居住心理方面，居住区道路起着连接"家"与"环境"的作用，是形成居民归属感的基本脉络，同时它又是居民进行日常活动的通道，有着最基本的交通功能。此外，居住区道路的走向和线形是组织居住区建筑群体景观的重要手段，也是居民相互交往的重要场所(图5.1)。

图5.1 天津中心生态城居住区内的健康主题公园内的步行道路

居住区道路指以住宅建筑为主体的区域内的道路。按照城市用地分类，居住区道路分为居住区内的城市道路(S类用地)和居住街坊内的附属道路(R类用地)两种类型。

居住区内的城市道路是城市道路交通系统的组成部分,承载城市生活的主要公共空间。它不仅要满足居住区内部功能的要求,还要与城市总体取得有机的联系,其规划建设应综合考虑城市交通系统特征和交通设施发展水平,满足城市交通通行的需要,融入城市交通网络(图 5.2)。

居住街坊内的附属道路作为居住区空间和环境的一部分,以满足居民日常生活方面的交通活动为主要目的,宜采取尺度适宜的道路断面形式,优先保证步行和非机动车的出行安全、便利和舒适,营造宜人宜居的居住环境。

图 5.2　青岛中德生态园幸福社区居住区道路系统

居住区道路的功能要求一般有以下几个方面。

1. 与城市道路交通系统有机衔接

居住区内的路网组织方式受多方面因素的影响,例如居住人口规模、规划布局形式、用地周围的交通条件、居民出行的方式与行为轨迹以及本地区的地理气候条件等。综合考虑以上因素以及居住区内各项建筑及设施的布置要求,居住区内的路网应与城市道路交通系统衔接,满足城市交通通行的需要,融入城市交通网络,使得路网分隔的各个地块能合理地安排不同功能要求的建设内容,与城市的风貌形成连续、有机的衔接。

2. 满足居民生活、市政、公共服务设施方面的交通需求

首先,居住区内的道路应满足居民日常出行、生活方面的交通要求,一般以步行、自行车出行、机动车出行为主,这也是居住区内道路具备的最基本的功能。其次,要满足市政公用车辆的交通需要,如垃圾的清除、物流配送、快递、邮电信件配送、再生资源回收等;要满足居住区内物业及货运交通的需要,如社区维修、餐饮、零售、美容美发等,以及为街道、社区的生产性企业运送原材料、成品等;满足特殊的交通活动需求,如出现险情时能保证消防、救护、工程救险等车辆的通达;还要满足非经常性的交通需要,如家政、装修、搬运家具等车辆的通行。

3. 步行系统应连续、安全,符合无障碍设施要求

居住区内的步行系统应满足居民日常生活方面的交通需要,如上班、上学、去幼儿园和采购商品等,这些活动是居住区内最多、最主要的活动,通常以步行和非机动车出行为主。步行系统的规划设计要遵循"以人为本"的设计原则,在适宜自行车骑行的区域,可构建连续的非机动车道。保障居民的人身安全是步行系统最基本的功能要求,有研究表明,人在不安定的环境下会缺乏安全感,在这种情况下会影响居民的活动质量,对整个居住区的活动氛围也有不利影响。居住区内的步行系统应优先保证步行和非机动车的出行安全、便利和舒适,形成宜人宜居、步行友好的城市街道。

在步行系统中应采用无障碍设计,并符合现行国家标准《无障碍设计规范》(GB 50763—2012)中的相关规定,道路铺装应充分考虑轮椅顺畅通行,选择坚实、牢固、防滑、防摔的材质。居住区内的步行系统应连通城市街道、室外活动场所、停车场所、各类建筑出入口和公共交通站点,对居民活动路线的连续性、安全性、景观性予以保障,在一定空间内减少机动车对居民活动空间和绿化空间的干扰,提高居住区内环境质量与交通安全。

4. 有助于塑造、组织居住区内建筑群体景观,营造宜人宜居环境

居住区域内道路的规划设计应塑造丰富的道路空间、景观空间等,有效地缓解居民交通与交往空间的矛盾,鼓励塑造公共场所空间,创造生活气息浓郁、邻里交往密切、景观优美的生活环境。

5.1.2 道路分级

《城市居住区规划设计标准》(GB 50180—2018)对居住区有了新的定义,不再局限于独立地块形成的居住用地,而是城市中住宅建筑布局相对集中的地区,形成了以城市道路或用地界线围合的居住街坊为基本单元的一定区域范围。因此,居住区的道路分级包含以下两种情况。

1. 生活圈居住区城市道路分级——城市道路

居住区内的城市道路分为三级,包括城市主干路、次干路、支路,共同形成在居住区范围内的城市路网系统。其规划建设应符合下列规定。

(1) 居住区内的城市道路应结合居住街坊的布局,形成小街区、密路网的路网系统。2016 年 2 月,中共中央、国务院《关于进一步加强城市规划建设管理工作的若干意见》提出"优化街区路网结构""树立'窄马路,密路网'的城市道路布局理念",对城市生活街区的道路系统规划提出了明确的要求。《城市居住区规划设计标准》(GB 50180—2018)对居住街坊的用地面积 2~4 hm² 也有一定范围的约束。因此,居住区内城市道路应以居住街坊为基本单元,以控制道路宽度、提升路网密度为原则,形成开放、便捷的道路系统。一般而言,居住区内的城市路网密度应符合国家现行标准《城市综合交通体系规划标准》(GB/T 51328—2018)对居住功能区路网密度的要求,应不小于 8 km/km²。

(2) 居住区内的城市道路的道路断面形式应满足适宜步行及自行车骑行的要求,人行道宽度不应小于 2.5 m。"窄路密网"的布局方式在一定程度上缓解了城市道路交通压力,但是,在居住区内,还需注意城市道路还要承担生活性街道的功能,城市道路上的步行空间不能被压缩(图 5.3)。因此,城市道路的宽度在根据交通方式、交通工具、交通量及市政管线的敷设要求确定后,还要考虑道路断面上非机动车和人行道的便捷通畅,人行道宽度不应小于 2.5 m。同时需要考虑城市公共汽车及电车的通行,有条件的地区可设置一定宽度的绿地种植行道树和草坪花卉,减少城市道路交通对居住区的干扰,提升街道景观。在历史文化街区内,历史街巷的宽度可酌情降低,符合保护规划的相关规定。

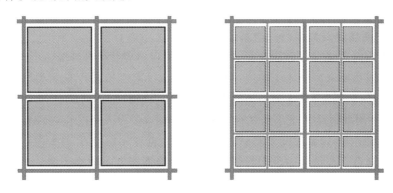

图 5.3　"窄路密网"的布局方式

(3) 若居住区内的城市道路两侧集中布局配套设施,应形成尺度宜人的生活性街道(图 5.4)。若城市道路两侧存在集中布局的配套设施,通常是为生活服务的商业设施、公共设施以及停车用地,应考虑道路两侧的建筑红线退让距离,与城市道路宽度相协调,形成宜人的生活性街道。生活性街道的特点是机动车辆通过频率较低、车速较慢、以行人和非机动车短距离交通方式为主。生活性街道的宽度一般较窄,尺度在 14～18 m 比较适宜,是居住区道路中占比较大、日常生活性较强、工作和生活使用最频繁的道路,也是满足居民社会交往、活动的重要场所,能够提高居住区活力。

图 5.4　居住区生活性街道空间——上海浦东新区浦三路

(4) 在居住区范围内的城市支路,应采取交通稳静化措施降低机动车车速、减少机动车流量,以改善道路周边居民的生活环境,同时保障行人和非机动车使用者的安全。交通稳静化措施包括减速丘、路段瓶颈化、小交叉口转弯半径、路面铺装、视觉障碍等道路设计和管理措施。在行人与机动车混行的路段,机动车车速不应超过 10 km/h;机动车与非机动车混行路段,机动车车速不应超过 25 km/h。城市道路的宽度应根据交通方式、交通工具、交通量及市政管线的敷设要求确定,并符合《城市综合交通体系规划标准》(GB/T 51328—2018)中的相关规定,结合"窄马路,密路网"的城市空间尺度要求,城市支路的红线宽度一般情况下不宜小于 14 m,且不超过 20 m。

2. 居住街坊道路分级——附属道路

居住街坊内道路应尽可能连续、顺畅,满足居民日常生活需求以及消防、救护、搬家等车辆的通达要求。居住街坊内道路根据其路面宽度和通行车辆类型的不同,分为两级:主要附属道路、其他附属道路。其规划建设应符合下列规定。

(1)主要附属道路是进出居住街坊的主要通道,多为人车混行,道路红线宽度在 8～12 m 比较适宜,如需敷设供热管线,道路红线宽度不宜小于 10 m。主要附属道路一般按一条自行车道和一条人行带双向计算,路面宽度不应小于 4.0 m,同时也要满足现行国家标准《建筑设计防火规范》(GB 50016—2014)对消防车道的净宽度要求。为了保证居住区与城市有良好的交通联系,同时保证消防、救灾、疏散等安全需要,主要附属道路应至少设置两个出入口,也就是说至少应有两个车行出入口连接城市道路,从而使其道路不会呈尽端式格局。两个出入口可以是两个方向,也可以在同一个方向与外部连接(图 5.5)。

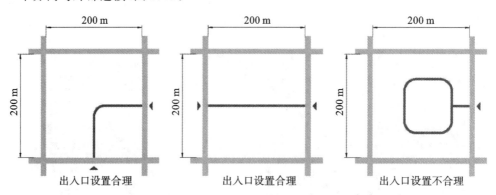

图 5.5 居住街坊主要附属道路的出入口设置

(2)其他附属道路为进出住宅的最末一级道路,这一级道路平时主要供居民出入,以非机动车及步行出行为主,并要满足清运垃圾、救护和搬运家具等需要。按照居住区内部有关车辆低速缓行的通行宽度要求,车辆轮距宽度在 2～2.5 m,其路面宽度一般为 2.5～3 m(图 5.6)。为兼顾必要时大货车、消防车的通行,宅前路路面两边应各留出宽度不小于 1 m 的路肩。

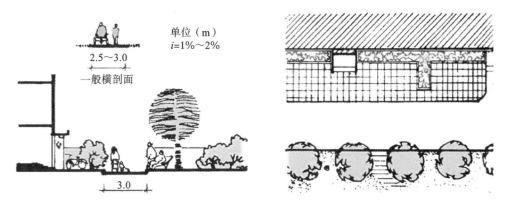

图 5.6　居住街坊其他附属道路平面、剖面示意

5.2　道路规划要求

5.2.1　生活圈居住区道路规划要求

根据地形、气候、用地规模、用地四周的环境条件、城市交通系统及居民的出行方式,生活圈居住区城市道路系统应主要保证居民的机动车出行,选择经济、便捷的道路系统和道路断面形式,同时保证居民非机动车、步行方式的安全便利。

城市旧区改建,尤其是需重点保护的历史文化名城、历史文化街区及有历史价值的传统风貌地段的居住区内城市道路,应充分考虑原有道路特点,保留和利用具有历史文化价值的街道,延续原有的城市肌理。应尽量保留原有道路的格局,包括道路宽度和线型、广场出入口、桥涵等,并结合规划要求,使传统的道路格局与现代化城市交通组织及设施(机动车交通、停车场库、立交桥、地铁出入口等)相协调。

生活圈居住区城市道路还需考虑地块划分、日照采光、市政管线、防灾减灾工程及防护工程等因素。道路的划分要有机联系,既要满足建筑物布置的多样化,还要满足不同居住街坊间日照采光、通风等自然因素的要求。道路宽度的设置应满足城市地下工程管线的铺设要求。在多雪、严寒的山坡地区,道路路面应考虑防滑措施。在抗震设防烈度不低于 6 度的地区,应考虑防灾救灾要求。当城市道路中引入公共交通线路时,应增加防护距离以及防护设施,减少交通噪声对居民的干扰。

生活圈居住区城市道路边缘至建筑物、构筑物之间应保持一定距离,减少建筑底层开窗、开门和行人出入时对道路的通行及行人安全的影响,同时应设置地下管线、地面绿化及减少对底层住户的视线干扰。尤其是面向城市道路开设了出入口的住宅建筑,应为居民进出建筑物预留足够的缓冲距离,同时还可作为门口临时停放车辆的场地,以保障城市道路的正常交通通行。居住区道路边缘至建筑物、构筑物的最小距离,应符合表 5.1 的规定。

表 5.1 居住区道路边缘至建筑物、构筑物的最小距离

与建筑物、构筑物的关系		最小距离/m
建筑物面向道路	无出入口	3.0
	有出入口	5.0
建筑物山墙面向道路		2.0
围墙面向道路		1.5

注:道路边缘对于城市道路来说是指道路红线。

5.2.2 居住街坊附属道路规划要求

居住街坊内的附属道路用地以占居住街坊总用地的8%～15%为宜。居住街坊内主要附属道路的流线组织,既应方便居民安全出行,又应维护院落的完整性和利于治安、保卫工作。道路流线应使居住区内外联系"通而不畅",避免往返迂回,利于消防车、救护车、商店货车和垃圾车等的通行(图5.7)。

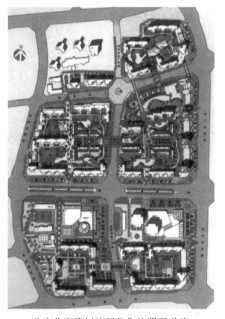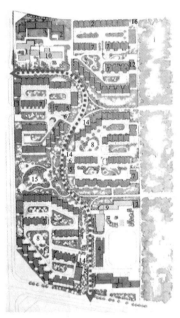

北京华润橡树湾居住街坊附属道路　　　　北京恩济里小区道路系统

图 5.7 居住街坊附属道路
1—高层公寓;2—底层商业服务;3—底层农贸市场;4—小区管理楼;5—底层居委会;6—信报箱群;
7—复建式地下车库;8—独立式地下车库;9—小学;10—托儿所;11—幼儿园;12—变电站;
13—垃圾站;14—小汽车停放;15—中心花园;16—公厕

前文已讲过,居住街坊内主要附属道路至少应有两个车行出入口连接城市道路。主要附属道路出入口的位置不应设在城市快速路和主干路上,可设置在城市次干路

和支路上,并距道路交叉口 50 m 以外。此外,出入口设置应考虑与相邻居住街坊出入口的相互位置关系。在同一条城市道路上,不宜设置多个出入口,尽可能归并为一个出入口,若存在多个出入口,间距不应小于 150 m。出入口宽度须与相接城市道路红线宽度相协调,出入口与城市道路相接时,其交角不宜小于 75°。出入口位置坡度较大时,应增设一定的缓冲路段与城市道路相接。出入口位置若设地下车库,地下车库出入口应与居住街坊内主要附属道路相接,不宜直接在居住街坊出入口处与城市道路相接。

居住街坊内其他附属道路若存在尽端式道路,应控制尽端式道路长度,减少对行车视线、自行车与行人通行的干扰,其长度不宜大于 120 m。同时,应减少尽端式道路对消防、急救的不利影响,在尽端设不小于 12 m×12 m 的回车场地。

居住街坊内应设独立管理的人行出入口,提升住宅小区的开放性,强调住区与城市的联系,保证居民出入的便捷,同时应满足紧急情况发生时的疏散要求,其出入口间距不宜超过 200 m。

当居住街坊沿街建筑物长度超过 80 m 时,应在底层加设供行人穿行的洞口通道;沿街建筑物长度超过 150 m 时,应设不小于 4 m×4 m 的消防车通道。

根据居民不同的出行方式,居住街坊内各类道路路面的最小宽度,宜采用以下规定(图 5.8)。

(1) 机动车行道:单车道宽 3.5 m,双车道宽 6.0～6.5 m。

(2) 非机动车道:单车道宽 1.5 m,双车道宽 2.5 m。

(3) 人行道:设于车行道一侧或两侧的,人行道最小宽度为 1 m,其他地段人行步道最小宽度可小于 1 m;人行道的宽度超过 1 m 时,可按 0.5 m 的倍数递增。

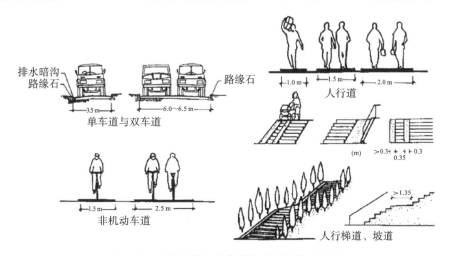

图 5.8　居住街坊内各类道路路面的最小宽度

居住街坊内道路转弯时,应考虑行车视距和最小转弯半径。为了保证场地内行车安全,驾驶员行车时必须看清行驶前方一定距离的物体,以便有充分的时间和距离,采取适当的措施,防止事故发生,这段安全距离称为行车视距。道路弯道内侧不恰当的边坡、绿化及建(构)筑物往往成为遮挡视线的障碍物,从而妨碍行车视距。

道路最小转弯半径宜采用小型车最小转弯半径,取 6 m;转弯角度大于 90°或道路两侧有较高的连续障碍物(如花池、挡土墙等)时,应适当加大道路宽度或道路外侧转弯半径,以保证车辆行驶的舒适度和安全性。兼作消防道路的场地道路最小转弯半径,应满足当地消防车转弯半径的要求。消防车道转弯半径与消防车的尺寸有关,消防车辆一般分为轻、中和重三种系列,车辆最小转弯半径分别为 7 m、8.5 m 和 12 m,弯道外侧需保留一定的空间,以保证消防车紧急通行,其转弯最外侧控制半径宜采用 8.5 m、11.5 m 和 14.5 m。由于场地内道路转弯半径通常较小,小型车道内侧转弯半径最小可达到 3.5 m,此时,可采用图 5.9 示意的做法,控制范围内不允许修建任何地面构筑物,不应布置重要管线、种植灌木和乔木,路缘石高度应不大于 12 cm。

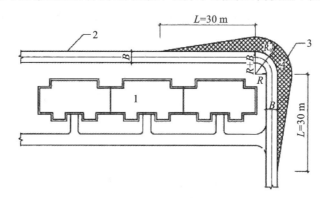

图 5.9　场地内消防车道的弯道设计示意图
1—建筑轮廓;2—道路缘石线;3—弯道外侧构筑物控制边线;4—控制范围;
B—道路宽度;R—道路转弯半径;R_0—消防车道转弯最外侧控制半径;L—渐变段长度

居住街坊附属道路还应考虑无障碍设计。步行系统应连续、安全、采用无障碍设计,符合现行国家标准《无障碍设计规范》(GB 50763—2012)中的相关规定。道路铺装应充分考虑轮椅顺畅通行,选择坚实、牢固、防滑、防摔的材质。在居住区内的公共活动中心,应设置为残疾人通行的无障碍通道(图 5.10)。通行轮椅车的坡道宽度,在自行操作情况下不小于 1.5 m,增加护理空间时不小于 2.5 m,纵坡不应大于2.5%;坡道可采用单坡段型和多坡段型,中间平台最小深度不小于 1.2 m,转弯和端部平台深度不小于 1.5 m。

居住街坊内附属道路边缘至建筑物、构筑物之间应保持一定距离,减少建筑底层开窗、开门和行人出入时对道路通行及行人安全的影响,同时应适当地设置地下管线、地面绿化及减少对底层住户的视线干扰。道路边缘至建筑物、构筑物的最小距离,应符合表 5.2 的规定。

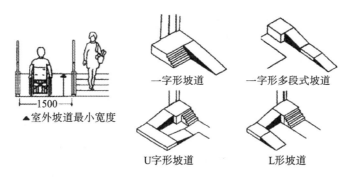

一字形坡道　一字形多段式坡道

U字形坡道　L形坡道

▲室外坡道最小宽度

1500

图 5.10 附属道路无障碍设计

表 5.2 居住街坊附属道路边缘至建筑物、构筑物的最小距离

与建筑物、构筑物的关系		最小距离/m
建筑物面向道路	无出入口	2.0
	有出入口	2.5
建筑物山墙面向道路		1.5
围墙面向道路		1.5

注:道路边缘对于居住街坊附属道路分两种情况,道路断面设有人行道时,指人行道的外边线;道路断面未设人行道时,指路面边线。

为了居住街坊内的路面排水、车辆的安全行驶,以及步行和非机动车出行的安全便利,居住街坊附属道路的坡度设置应符合以下规定:居住街坊附属道路的最小纵坡须满足路面排水的要求,不应小于 0.3%;当遇特殊困难纵坡小于 0.3%时,应设置锯齿形边沟或采取其他排水设施。

为保证车辆的安全行驶,以及步行和非机动车出行的安全便利,居住街坊附属道路的最大纵坡值控制为 8%,如地形允许,要尽量采用更平缓的纵坡。对于机动车与非机动车混行的路段,应首先保证非机动车出行的便利,其纵坡宜按非机动车道要求,或分段按非机动车道要求控制。当居住街坊内坡度受山区、丘陵等地形限制,确实无法满足表 5.3 中的纵坡要求时,其道路坡度宜采用人车分流自成系统。人行道坡度可因地制宜、酌情考虑;车行道坡度经经济技术论证,可适当增加最大纵坡,在保证道路通达的前提下,应尽可能保证道路坡度的舒适性。

表 5.3 附属道路最大纵坡控制指标

道路类别及其控制内容	一般地区/(%)	积雪或冰冻地区/(%)	山区或丘陵地区/(%)
机动车道	8.0	6.0	8.0(可适当增加)
非机动车道	3.0	2.0	—
步行道	8.0	4.0	—

当居住街坊内用地坡度大于 8%时,应采用步行道(如梯步)方式解决竖向交通,并

宜在梯步附近设推行自行车的坡道；若梯步过长，每12～18级梯步宜设一个缓冲平台。

道路的线型、空间比例及尺度不仅仅取决于道路的通达性，还应该考虑道路景观以及它所表现出的对住宅区整体景观效果的影响、居民对环境的认知定位作用和在街道空间对引发自发性活动的影响，因为它关系到舒适性、特征性、丰富性等心理问题，同时也直接影响到视觉的美观问题（图5.11）。

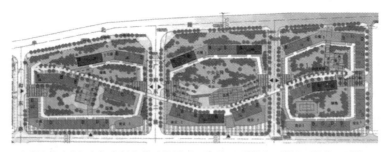

下列因素可引起人们步行向前时的厌恶：障碍、不悦目、单调、混乱、平淡

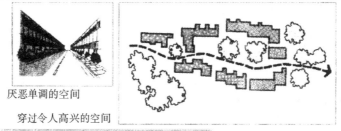

厌恶单调的空间

穿过令人高兴的空间

下列因素可引导人们前进：
自然的或人工的形式；
暗示的流动的形态；
屏障物、遮敞物、空间分隔物、空间形式

图5.11　道路的线型、空间比例及尺度对人的影响示意

5.2.3　道路系统的基本形式

居住区道路是居住区的重要组成部分，它并非仅为解决交通问题而设，还具有划分居住区用地、确定居住区规划布局的作用，而且居住街坊内部道路是空间划分、交通组织的重要元素，对居住环境的安全、空间领域的划分、邻里交往的促进都有重要影响。

居住区道路系统的形式应根据地形、现状条件、周边城市道路情况等因素综合考虑，不要单纯追求形式与构图。通常情况下居住街坊主要附属道路的布置形式有环通式（含圆环式、半环式）、贯通式（含曲线式、直线式）和尽端式三种类型，也有的是这几种基本形式的混合形式或自由形式等（图5.12）。

环通式与贯通式的道路布局比较常见，这两种道路系统的主要优点是：居住区内人行和车行比较通畅，住宅建筑组群划分明确，也便于设置环通的工程管网，但是如

威海市雨润·桂府小区

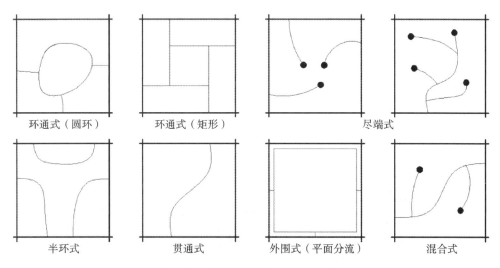

图 5.12　居住区道路系统的规划形式

果布置不当,会导致过境交通穿越街坊,居民易受到过境交通的干扰,不利于居住区环境的安静和安全。同时需要注意的是,曲线贯通式的路网布局要优于直线贯通式,直线贯通式的道路不易控制车速,会较大地影响居住区内居民的出行安全。

吉林长春市的大禹城邦项目占地面积 37 hm²,被城市道路划分成 5 个居住街坊,除西北侧地块因较小未组织内部车行交通外,其余四个地块分别采用了环通式道路系统和贯通式道路系统(图 5.13)。

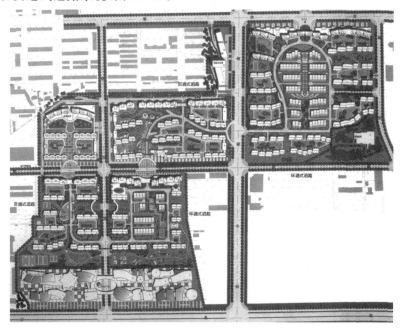

图 5.13　环通式与贯通式交通系统规划

　　尽端式道路系统的优点是可减少私家车穿越,步行系统连续,人行、车行能够基本分开,居住区内部的居住环境可保持安静、安全,还能够节省道路面积;缺点是不利于自行车和电动车通行,而且需要在尽端式道路的端部设置回车场。尽端式车行路的设计可以和人行路网相连接,用警示及活动障碍物来分隔,必要时可连通使用,有利于搬家用车、消防车辆等特殊或应急车辆的通行(图 5.14)。混合式道路系统是以上三种形式的混合,形式多有变化,便于控制居住区内的各种交通出行方式(图 5.15)。

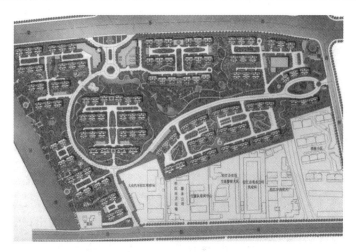

图 5.14　上海松辰小区——局部尽端式道路系统

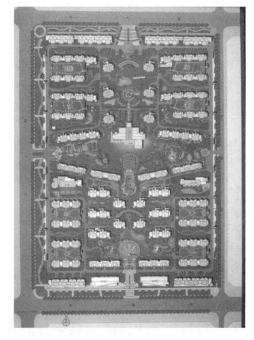

图 5.15　混合式道路系统

5.3　人车分行交通组织

人车分行交通组织分为平面分流和立体分流两种方式。

1. 平面分流

平面分流是从平面布置上入手，使车行路线和人们的活动路线互不交叉（图 5.16）。平面分流有两种常用的方法：车走外围，人可以在居住街坊内安全自在地活动；或车行道进入居住街坊内一定的深度，做尽端式道路布置，减少车辆驾驶人员的步行距离，同时，人们在街坊内部活动，没有车行交叉的干扰，这种方式可以有效地解决用车和避车的矛盾。

图 5.16　居住区内局部人车平面分流系统

2. 立体分流

人和车上下分行,完全避开交叉,在高层社区中用得最多,低层社区很少采用。立体分流主要有两种基本布置方式。第一种是车走地下,人行地面,人在地面行走感到方便、舒适(图5.17);车走地下,用坡道引导,直接入库,甚至可以直达住户的底层附近,和电梯口相接,详细内容参见本书第8章。

图5.17 中城嘉汇人车分流

另一种是车走地面,人上行,走天桥。采用这种布置方式,车行畅快,可以直达各楼门口,停车泊位可安排在建筑底层,用车最为方便,但是人们步行进出社区,须先上一层楼,略感不便。由于社区车行道和市区路面相平,人们往往会在下面车道上步行,而不上天桥,这就要求在规划布置时诱导得当,恰到好处。

也可在地面局部做人车混行系统,将人行道布置好,保证步行的舒适和安全,同时使上部成为"步行天堂",诱导人们上行,营造舒适的步行环境。

总体上来说,建立"人车分行"交通组织体系的目的在于保证住宅区内部居住生活环境的安静与安全,使住宅区内的各项活动能正常、舒适地进行,避免住宅区内大量私人机动车交通对居住生活质量的影响,如交通安全、噪声、空气污染等。人车分行的交通组织是一种针对住宅区内存在大量的私人机动车交通而采取的规划措施。人车混行的交通组织方式是指机动车交通和人行交通共同使用一套路网,具体地说就是机动车和行人在同一道路断面中通行。在许多情况下,特别是在我国,人车混行的交通组织方式与路网布局有其独特的优点,这种交通组织方式在私人汽车不多的国家和地区,既方便又经济,是一种常见而传统的住宅区交通组织方式(图5.18、图5.19)。

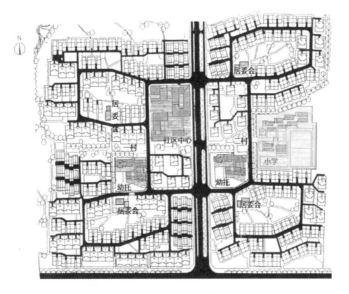

图 5.18　人车混行交通组织

图 5.19　人车混行交通系统——泸州金诺御景山居

5.4 停车设施

随着社会的不断发展与进步,居民的私家车保有量呈现出不断增长的趋势,停车问题越来越受到人们的关注,停车功能也成为居住区规划设计中必备的基本功能之一。居住街坊内的容积率不断提升,车库建筑规模、使用要求等方面也在逐年发生变化;新技术与新设备的不断发展与更新,使得停车方式也有了一定的改变,如停车设施的不断完善与提升、机械式停车设备的推陈出新等。为满足居民的停车需求,居住街坊内应配套设置居民机动车和非机动车停车场(库),以适应车辆交通的发展需要(图 5.20)。

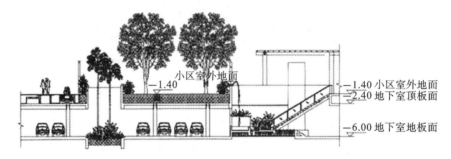

图 5.20 某居住街坊停车库剖面

5.4.1 功能要求

机动车停车场(库)应根据当地机动化发展水平、居住区所处区位、用地及公共交通条件综合确定,并应符合所在地城市规划的有关规定。

当前我国城市的机动化发展水平和居民机动车拥有量相差较大,停车场(库)的设置应因地制宜,有条件的地区宜多设置一些,以适应车辆交通的发展需要。可通过对当地机动化发展水平和居民机动车拥有量进行调研评估,满足居民的停车需求,避免因停车位不足导致车辆停放占用市政道路,结合其所处区位、用地条件和周边公共交通条件综合确定具体指标。

一般来说,如果居住区位于城市边缘,用地相对宽松,可适当配建更多停车场(库);如果居住区附近有城市轨道站点,居民出行便捷,可适度减少停车场(库)配建。

地上停车位应优先考虑设置多层停车库或机械式停车设施,地面停车位数量不宜超过住宅总套数的10%。机动车停车场(库)的设置宜采用地下停车、停车楼或机械式停车设施,使用多层停车库和机械式停车设施,可以有效节省机动车停车占地面积,节约、集约利用土地,充分利用空间。控制地面停车率的目的是保护居住环境,尽量减少地面停车,严格控制机动车地面停车的比例,可将配套设施的室外空间作为集散场地。在采用多层停车库或机械式停车设施时,地面停车位数量应以标准层或单层停车数量进行计算。地面停车可采用集中停车场、路边停车等方式。

机动车停车场(库)与居民居住的距离不宜过大。参照《车库建筑设计规范》(JGJ 100—2015),规定机动车停车场(库)的服务半径不宜大于 500 m。非机动车停车场(库)的服务半径,参考了现行行业标准《城市综合交通体系规划标准》(GB/T 51328—2018)的规定。非机动车库基地最远距离应充分考虑人性化设计,按步行不超过 2 分钟计算,适宜的距离为 50~100 m。

居住街坊出入口处应配置非机动车停车场(库)和临时停车位。非机动车停车场(库)的布局应在方便居民使用的位置,以靠近居住街坊出入口为宜。在居住街坊出入口外应安排访客临时车位,为私家车、出租车和公共自行车等提供停放位置,减少外部车辆进入居住街坊内部,避免对街坊内部的道路通行产生影响,维持街坊内部居民的安全及安宁。

新建居住区的机动车停车位和电动自行车停车场应具备安装充电基础设施的条件。随着低碳经济成为我国经济发展的主旋律,电动汽车作为战略性新兴产业,充电问题却始终制约着电动汽车业的发展。为实现国家节约能源和保护环境的战略,贯彻国家发展改革委、国家能源局、工业和信息化部、住房城乡建设部《关于印发〈电动汽车充电基础设施发展指南(2015—2020 年)〉的通知》、国务院安委会办公室《关于开展电动自行车消防安全综合治理工作的通知》的精神,提出新建居住区应根据实际需要配建机动车停车位,应预留充电基础设施安装条件,按需建设充电基础设施;在室外安全且不干扰居民生活的区域,设置电动自行车停车场;集中管理具备定时充电、自动断电、故障报警等功能的智能充电控制设施。

机动车停车场(库)应设置无障碍机动车位,并应为老年人、残疾人专用车等新型交通工具和辅助工具留有必要的发展余地。无障碍停车位应靠近建筑物出入口,方便轮椅使用者到达目的地。

5.4.2　机动车停车设施的规划

机动车的停车设施是居住区停车设施规划中的核心,根据《车库建筑设计规范》(JGJ 100—2015),机动车停车设施的规划原则应包含以下内容。

1. 停车方式

机动车的停车组织由停车位和行车通道组成。停车方式应排列紧凑、通道短捷、出入迅速、保证安全和与柱网相协调,并应满足一次进出停车位要求。停车方式:可采用平行式、斜列式(倾角 30°、45°、60°)和垂直式(图 5.21),或混合组合。图中各项尺寸数据要求见表 5.4。

平行式停车,车辆进出方便、迅速,通常可用作路边停车,但这种方式占用的停车空间相对较大。斜列式停车,可以具体情况选择角度,常采用 30°、45°、60°倾角,有利于迅速停放、疏散,一般在停车场地受限制时使用。垂直式停车,车辆垂直于通车道,对停车场地的利用率最高,是停车组织方式中最常见的。各种停车方式在设计时都

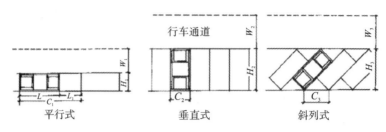

图 5.21　汽车停放的基本形式

要注意车位与柱子的间距,还可因地制宜,根据具体情况采取优化的停车方式。

表 5.4　停车段基本尺度参考 单位:m

车型	平行式				垂直式			斜列式(45°)		
	W_1	H_1	L_1	C_1	W_2	H_2	C_2	W_3	H_3	C_3
小客车	3.50	2.50	2.70	8.00	6.00	5.30	2.50	4.50	5.50	3.50
载重卡车	4.50	3.20	4.00	11.00	8.00	7.50	3.20	5.80	7.50	4.50
大客车	5.00	3.50	5.00	16.00	10.00	11.00	3.50	7.00	10.00	5.00

注:通道为双行道时,需加宽 2~3 m。

2. 停车场(库)内部交通组织

停车场(库)内部交通组织方式主要有回环式、直通式、迂回式等形式,设计时宜采用单向交通组织,以减少内部车辆交织,提高运行安全性;且需保证通车道的最小宽度,单向行驶的机动车道宽度不应小于 4 m,双向行驶的小型车道不应小于 6 m(图 5.22)。

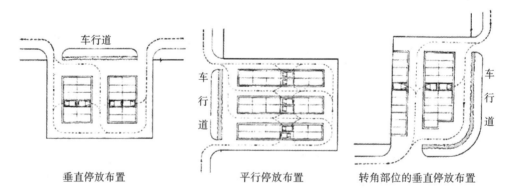

图 5.22　停车场(库)内部交通组织

3. 停车场(库)出入口

出入口的宽度满足现行国家标准《民用建筑设计统一标准》(GB 50352—2019)的要求,出入口双向行驶宽度不小于 7 m,单向行驶不小于 4 m,并应保证出入口与内部通道衔接的顺畅;当停车场(库)出入口存在非机动车道与机动车道混合设置时,在机动车道的基础上,单向增加宽度不小于 1.5 m 的非机动车道。

地上停车场(库),停车位大于 50 辆,出入口不少于 2 个。地下停车场(库)停车位大于 100 辆时,其疏散口不少于 2 个。相邻停车场(库)出入口之间的最小距离不应小于 15 m。

为了减少停车场(库)出入口的车辆对居住区内造成影响,出入口处可预留一定距离,设置候车区域。

停车场(库)出入口机动车道路转弯半径不宜小于 6 m,且应满足基地通行车辆最小转弯半径的要求,与居住区内道路连接的出入口地面坡度不宜大于 5%。

停车场(库)出入口必须保证良好的通视条件,参照行业标准《城市道路工程设计规范》(CJJ 37—2012),不应有遮挡视线障碍物的范围,应控制在距离出入口边线以内 2 m 处坐视点的 120°范围内。

4. 停车场(库)的布置方式

居住区域内停车场(库)的布置方式分为两种:露天停车和室内停车库。

露天停车可设置集中停车场,便于车辆的集中管理,方便疏散;也可分散布置在道路沿线,这种布置形式方便居民的可达性,但不宜管理,且影响道路的通行能力。因此,露天停车的布置宜采用集中和分散相结合的方式,可在与居住区内城市道路、组团路相接的较大场地上,集中设大型停车场;在居住街坊内部,设置小型停车场和停车位(图 5.23)。

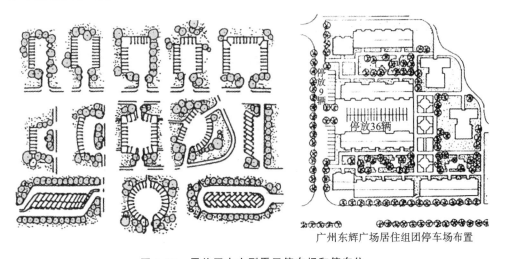

广州东辉广场居住组团停车场布置

图 5.23　居住区内小型露天停车场和停车位

室内停车库有单建式、附建式两种基本形式。单建式停车库在地面之上除少量汽车出入口、采光、通风设施外,没有其他建筑物,上方地面在覆土后仍为开敞空间,对地面景观影响较小。单建式停车库常建于各种场地(如广场、绿地、活动场地等)的地下空间。附建式停车库是在建筑物下布置地下车库,需考虑建筑物的结构要求,方便居民直接入户。这种形式常选择建设多层地下停车库,利于停车库与居民楼之间垂直交通的营造,如直坡道式、错层式及斜楼板式车库(图 5.24)。

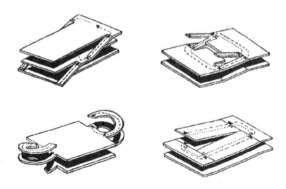

图 5.24 坡道的几种形式

设置地下停车库,可以减少由于地面停车所带来的居住区地面资源浪费的现象。地下车库的出入口起着把人们由外部引向内部的导向作用,因此出入口空间形象的处理是非常重要的。出入口处理不好,不仅会影响到环境景观,还可能会增加人们进入地下车库的恐惧感和幽闭感。为了营造良好景观,解除人们心理上的负担,可以在设计时利用坡道上部空间进行绿化,采用棚架绿化的方式优化出入口空间景观。当居住区用地高差起伏较大时,可充分利用高差所形成的台地,将车行出入口设置在较低的居住区地面,车库出入口直接与相邻道路水平连接,车辆进出非常方便,同时车库顶部还可以覆土种植花草树木等,达到人与自然的和谐统一。此外,当地下停车库空间不能与住宅空间直接连通时,可以在住宅建筑的侧墙附近增设人行出入口,方便居民从相近的人行出入口进出地下车库,该出入口的造型应尽可能简洁美观,且满足大面积采光的要求(图 5.25)。

利用用地高差形成的平出入口　　　　人行出入口　　　　棚架式车库出入口

图 5.25 地下停车库的出入口设计

当地下车库占地面积比较大时,常常与居住区的集中绿地和各种活动场地结合布置,这时应根据库顶布置的活动场地、绿化种植和景观小品等做出相应的技术处理,同时满足结构上的要求。需要注意的是,车库顶部需要种植较大的树木时,应符合植物种植的覆土深度(表 5.5)。但是,覆土厚度越深,荷载越大,对车库顶部的结构要求也越高,因此车库顶部的绿化宜选择低矮灌木、草坪、地被植物和攀缘植物等,原则上不用大型乔木,通常应选择根须发达的植物。

表 5.5　种植层深度

植物种类	种植土层深度/mm	备注
草皮	150～300	前者为该类植物的最小生存深度，后者为最小开花结果深度
小灌木	300～450	
大灌木	450～600	
浅根乔木	600～900	
深根乔木	900～1500	

5. 机动车停车位的标准

停车位的尺寸应根据停放车辆的设计车型外廓尺寸进行设计。以中国汽车工业年鉴期刊社编制的《中国汽车车型手册》(2009 年版)的车辆类型为依据,居住区域内停车选择小型车(包含轿车、6400 系列以下的轻型客车和 1040 系列以下的轻型货车)作为参考,轮廓尺寸总长 4.8 m、总宽 1.8 m,建议居住区内采用停车位的尺寸为 3 m×6 m。

停车场地、停车库中还应考虑部分无障碍机动车位。宜将停车场内通行方便、行走距离最短的停车位设为无障碍机动车停车位。无障碍机动车停车位的地面应平整、防滑、不积水,地面坡度不应大于 1：50,并涂有停车线、轮椅通道线和无障碍标志。无障碍机动车停车位一侧,应设宽度不小于 1.20 m 的通道,供乘轮椅者从轮椅通道直接进入人行道和到达无障碍出入口。

5.4.3　非机动车停车设施的规划

非机动车的停车设施,一般分为露天停放、半露天停放(棚架或建筑架空层)和全封闭式停放(建筑内停放)三种类型。根据《车库建筑设计规范》(JGJ 100—2015),非机动车停车设施的规划原则应包含以下内容:全封闭式非机动车集中停放时,停车数量不应超过 500 辆;非机动车库停车当量数量不大于 500 辆时,可设置一个直通室外的带坡道的车辆出入口,超过 500 辆时应设两个或两个以上出入口,且每增加 500 辆宜增设一个出入口。

根据《建筑设计防火规范》(GB 50016—2014)要求:地下室每 500 m² 为一个防火分区,设有自动灭火系统时可增加到 1000 m²。参照《城市综合交通体系规划标准》(GB/T 51328—2018)的规定:自行车公共停车场用地面积,每个停车位宜为 1.5～1.8 m²,则 1000 m² 可停放 500 辆左右。

非机动车库出入口宜与机动车库出入口分开设置,且出地面处的最小距离不应小于 7.5 m,与机动车出入口设置在一起时,应设置安全分隔设施。自行车和电动自行车车库出入口净宽不应小于 1.8 m,机动轮椅车和三轮车车库单向出入口净宽不应小于车宽加 0.6 m。

非机动车库车辆出入口可采用踏步式出入口或坡道式出入口。非机动车在坡道上推行困难,需要限制推行长度和高度,不宜设在地下二层及以下。当地下停车层地坪与室外地坪高差大于 7 m 时,应设机械提升装置。

培养吃苦耐劳、踏实肯干、艰苦创业的奉献精神

吃苦耐劳、踏实肯干、艰苦创业是中华民族的传统美德,也应是年轻一代所具备的优良品质之一。成功的背后都有一份不同寻常的付出,世界上从没有不劳而获,唾手可得之事,所谓"一份耕耘,一份收获"。

1967 年,解放军一支 6 万人组成的部队在重庆涪陵深山"凭空消失",这些工程士兵们自己也没有想到,他们在深山里挖出了"世界第一大人工洞体",完全能抵御 100 万吨当量氢弹空中爆炸的冲击,以及抵御 8 级大地震的破坏。这个工程就是位于重庆涪陵的 816 地下核工程(代号 816),816 号称"世界第一核军工巨洞",这个浩大的工程,是当年中国最高建筑技术的结晶。6 万工程兵参与开凿岩洞,实行三班倒工作制,昼夜不停工,开凿出来的石方量达 151 万 m³,如果将这些开凿出来的碎石土,筑成 1 m 见方的石墙,长度可达 1500 km。洞内的总建筑面积 10.4 万 m²,大型洞室有 18 个,道路、导洞、支洞、隧道及竖井等达到 130 条,汽车、卡车完全可以自由出入。据资料,洞内共有 9 层,主洞空间最大,高达 79.6 m,侧墙开挖跨度为 25.2 m,拱顶跨度为 31.2 m,面积为 1.3 万 m²,大概相当于 20 层楼高。工程兵的工作条件非常艰苦,洞里又闷又热,空气不流通,除了必须要戴的安全帽,工程兵经常只穿着一条裤衩,手持风镐在山洞里拼命作业。金子山的石头非常硬,对军工洞的质量而言是件好事,而对打眼、放炮的工程兵而言,却是一场名副其实的噩梦,据当事人回忆,挖洞的 8 年时间中,近百名将士献出宝贵生命,平均年龄不足 21 岁。在距 816 洞体外 3 km 处,有一座为纪念 71 名工程兵的烈士陵园,工程兵们"艰苦创业、无私奉献、团结协作、勇于创新、不怕牺牲"的伟大精神,不仅捍卫了祖国的安全,更鼓舞了每一个中国人。

令世人瞩目的红旗渠水利工程,历时近十年。该工程共削平了 1250 座山头,架设 151 座渡槽,开凿 211 个隧洞,修建各种建筑物 12408 座,挖砌土石达 2225 万 m³,总干渠全长 70.6 km,灌区共有干渠、分干渠 10 条,长 304.1 km,支渠 51 条,长 524.1 km,斗渠 290 条,长 697.3 km,合计总长 1525.6 km,加农渠总长度达 4013.6 km。"在全面建设小康社会的征程中,我们迫切需要这种凝聚民族力量的信仰和精神,红旗渠精神曾经响彻历史的岁月,也同样可以振奋时代的精神"。"自力更生、艰苦创业、团结协作、无私奉献"这十六个字是在红旗渠修建过程中形成的红旗渠精神。红旗渠精神以独立自主为立足点,以艰苦创业、无私奉献为核心,以团结协作的集体主义精神为导向,既继承和发展了中华民族勤劳坚韧的优良传统,又体现了当代中国人的理想信念和不懈追求。今天的红旗渠,已不单纯是一项水利工程,它已成为民族精神的一个象征。

新时代的学子们需要秉承前人的"吃苦耐劳、踏实肯干、艰苦创业"的奉献精神,

致力于国家的各项建设事业中,"敬业、为民、踏实、奉献,不仅仅是给予我们青年一代的启示,也应成为我们为人做事的根本"。

复习思考题

1. 居住区道路具有哪些功能要求?
2. 居住区道路是怎样分级的? 有何具体的规划要求?
3. 居住区道路系统有哪些基本形式? 其各自的特点是什么?
4. 何为人车分行? 在居住区内如何进行人车分行交通组织?
5. 简述居住区各类停车设施的规划要求。

第6章　居住区环境及绿化规划设计

居住区是人类生活聚居的主要场所,同时也承担大量日常活动与社会交往活动,而这些日常活动与社会交往活动通常会在室外场所进行,因此,合理地布置居住区室外环境空间,利于有效组织居住区中的日常生活、活动。舒适的绿化环境也是保证居住区生态良好的必要条件,居住区绿化景观作为城市整体景观风貌、绿化环境的载体和细胞,对改善城市生态环境、营造居住文化和城市精神起到不可或缺的作用。(参考网络视频"安徽灵璧钟灵棚改项目设计规划",网址为 https://v.qq.com/x/page/v0511rb2ose.html。)

居住区外部环境包括空间环境、空气环境、声环境、热环境、光环境、视觉环境、生态环境、邻里和社会环境等(图 6.1)。居住区用地的日照、气温、风等气候条件,地形、地貌、地物等自然条件,用地周边的交通、设施等外部条件,以及地方习俗等文化条件,都将影响居住区的建筑布局和外部环境塑造。因而,居住区应通过不同的规划手法和处理方式,将居住区内的住宅建筑、配套设施、道路、绿地景观等规划内容进行

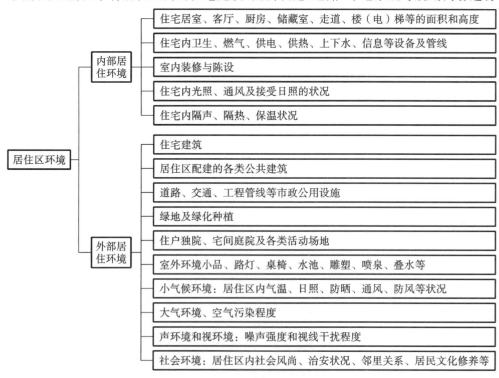

图 6.1　居住区的环境构成

全面、系统的组织和安排,使其成为有机整体,为居民创造舒适宜居的居住环境,体现地域特征、民族特色和时代风貌。

6.1　我国现代居住区绿化环境空间与整体表现

现代居住区引入生活圈的概念,将城市生活与城市功能有效地结合起来,使居住的功能和意义融合到整个城市中,从而提高城市功能复合性,促进城市空间的交流。

随着生态保护、绿色环境的呼声越来越高,人们对居住区室内外空间绿化的要求也越来越高,不仅仅是绿量的提高,对居住环境的整体审美水平也在不断提高。在新材料和各种设计风格的引领下,居住区环境空间建设在我国呈现出多样性,品质也不断提高。总体表现在以下几个方面。

6.1.1　居住区环境空间设计回归以人为本、自然生态

居住区绿化环境日益受到重视,绿量提高,绿植更加丰富多样。传统的室外绿化讲究四季有绿,三季有花,对乔灌草的栽培要求也仅限于空间层次的疏落有致,在住宅附属空间环境中,极少使用大树,开花灌木以 2~3 种体形小巧、花密而不招蜂引蝶的为主,草坪地被以满铺或自然生长的为主。景观融合简洁,选择传统生长强健的植物,不刻意营造视线焦点。

(1)居住区讲究多绿密植,形成集中的绿化组团,在立面上营造视线焦点。叶多、花密、色彩均匀、集中栽植的植物成为居住区绿化的重要组成部分。

(2)乔木多样种植,特色植物广受欢迎。现代居住区不再拘泥于乔木数量,对于树形优美,审美特性明确的乔木更加青睐,使居住区公共中心的空间更加灵活开敞。高层建筑围合的庭院空间、居住区各级生活圈中心绿地等都为植物的生长提供了足够的空间,同时也为住宅观赏与人流组织提供了较长的视距,使得许多优秀的绿化乔木能够展示其特点。东北地区的紫杉、白桦树,华北地区的银杏、柿子树,华中地区的玉兰、枫香,华南地区的七叶树、小叶榕等都在居住区中心绿地形成了良好的景观效果。

(3)地被植物通过密植营造花境的方式重新受到欢迎。利用地被植物、宿根草本、球根等植物营造花境,形成野趣的观赏环境是古代传统庭院的常见造景手法。随着现代社会对返璞归真、回归自然的审美意愿的追求,花境营造手法也越来越受到居住区环境空间的欢迎。19 世纪英国的田园诗花园,中国唐宋时期的山野园林,甚至16 世纪的日本水庭院等,对花境的野趣营造都笃信不疑。

6.1.2　传统院落审美风格的回归

不管时间如何变迁,人类对理想人居的期望总是一致的。不同的历史时期、不同的地域环境造就了不同的文化风尚,尽管改造自然的能力在不断提高,人类对自然的向往却越来越强烈(图 6.2)。因此,那些表达了自然之美,让自然与人和谐共处的环

境形式能给人留下深刻印象,在现代人居空间中不断被重现和赋予新的解读方式。

图6.2 居住区外部环境设计

（1）传统中式院落的新表达。传统中式院落在营造时遵从了天人合一的思想,力图表达自然原纯之美,表达人类的智慧、自然的伟大。现代居住区虽然失去了传统建筑的形态,打破了传统院落的格局,但传统建筑的规整、秩序和多层次空间布局手法仍然被传承了下来,甚至在建筑材料和形态上形成大量典型的案例。

（2）新中式院落设计手法。新中式并没有一味地继承和模仿传统,而是从东方文化审美内涵上去理解现代人居理想,融合现代建筑空间,因此充满了中式哲理和禅意。新中式比传统中式更加简约静谧,强调静修和冥想,打破真实的山水、植物等格局,因此,与日式禅意园林产生相似的审美感知。

（3）随着园林种苗的丰富以及现代绿化设计审美要求的变化,越来越多的野生草种、乡土植物被引入居住区绿化空间中。经过园林培育驯化后的莽草、芦荻、辣蓼、狼尾草、稗草类等在居住区的集中绿化中表现出独特的美。欧式花园中的点缀密植,在空间中进行大量铺装、组织图案景观在居住区广受欢迎。

6.1.3 居住区绿化环境空间整体朝着社会、经济、环境多重效益结合的方向发展,逐步形成具有中国特色的人居环境空间

商品化住宅初期,居住区规划设计更加侧重于建筑的形态、实用功能等方面,在绿化环境空间设计上多以道路、宅前等附属绿化为主,即使居民公共活动中心的绿化也是以简洁的面植或点植作为装饰,园林植物的选择极为单一,空间结构也较为简单。

随着全民环境意识、生态意识的不断提升,居住区环境逐渐向风格化、特色化方向发展。早期的有仿欧式的建筑与柱廊庭院,随之出现的是传统复古建筑与院落。此外,越来越多的房地产公司开始充分借鉴区位与地理环境进行造景,通过地形、周边配套、住区大环境等进行特色营造。

6.2 居住区绿地的组成

居住区内的绿地应包括城市公共绿地与附属绿地,其中包括了满足当地植树绿化覆土要求,方便居民出入的地上或半地下建筑的屋顶绿地。在新的居住区用地分类中,居住区绿地只有街坊附属绿地,即中心绿地与住宅附属绿地,中心绿地特指街坊中心绿地。

公共绿地是指居住区各级生活圈配套设施建设的、向居民开放的绿地,即城市用地分类的绿地与广场用地(用地编号为 G),主要包括公园绿地、广场等用地;中心绿地指各级生活圈及居住街坊内集中设置的、具有一定规模并能开展体育活动的绿地;附属绿地是指居住街坊中心绿地、住宅用地周边、公建配套建筑周边、街坊道路两侧及建筑开放空间等配套的绿地,与公共绿地一样属于居住区配建绿地。

为落实《中共中央 国务院关于进一步加强城市规划建设管理工作的若干意见》提出的"合理规划建设广场、公园、步行道等公共活动空间,方便居民进行文化体育活动,促进居民交流。强化绿地服务居民日常活动的功能,使居民在居家附近能够见到绿地、亲近绿地"的精神,新标准提高了各级生活圈居住区公共绿地控制指标(表 6.1)。新标准中明确"新建各级生活圈居住区应配套规划建设公共绿地,并应集中设置具有一定规模,而且能开展休闲、体育活动的居住区公园"。对集中设置的公园绿地规模提出了控制要求,以利于形成点、线、面结合的城市绿地系统,同时能够发挥更好的生态效应;有利于设置体育活动场地,为居民提供休憩、运动、交往的公共空间。同时体育设施与该类公园绿地的结合较好地体现了土地混合、集约利用的发展要求。

表 6.1 公共绿地控制指标

类别	人均公共绿地面积/(m²/人)	居住区公园		备注
		最小规模/hm²	最小宽度/m	
15 分钟生活圈居住区	2.0	5.0	80	不含 10 分钟生活圈及以下级居住区的公共绿地指标
10 分钟生活圈居住区	1.0	1.0	50	不含 5 分钟生活圈及以下级居住区的公共绿地指标
5 分钟生活圈居住区	1.0	0.4	30	不含居住街坊的绿地指标

注:居住区公园中应设置 10%～15% 的体育活动场地。

6.3 居住区绿地的功能

6.3.1 居住区绿地的生态功能

1. 分隔空间,阻隔噪声

居住区各生活圈中心绿地,街坊中心绿地等大多采用边缘式绿化种植的方式,结合居住区空间的道路绿化,从而形成对居住区住宅活动空间的围合,隔绝城市中的噪声,同时,在视线和心理空间上又形成居住区的区域特征。

2. 遮挡阳光,增加湿度

夏日的绿荫可以为居住区户外活动空间提供适当的遮挡,使居民的日常户外活动少受烈日暴晒,同时拥有一定的阴凉。居住区中适量种植较大的乔木,夏季的绿荫形成天然的遮挡,可作为居民开展日常休闲活动的场地;同时,居住区体态多样的灌木也结合乔木进行组团栽植和边缘种植,增加绿化立体层次,结合地被植物的布置,形成较大的绿量,为居住区小环境增加湿度。

3. 防风防尘,改善小气候

居住区植物景观按照立体绿化进行组团分散布置,结合居住区边缘栽植,有利于隔绝噪声,阻挡城市烟尘及细菌等的侵入,给居住区提供一个相对安静的院落环境。冬季,根据居住区所在地的主要风向进行植物配置,还可以在一定程度上阻挡寒风,保持阳光照射,从而改善小气候环境(一般在中心绿地,当绿量达到一定比例时,绿化空间可在布置上形成有效阻隔与疏通廊道,小幅度地改善户外体感环境。若要阻隔寒风、保持庭院温度,可在绿地向南侧非当地主导风向的地段栽植落叶树,让阳光更多照晒)。

4. 净化空气,康体宜人

居住区绿地选用的植物以生长良好、适应性强的为主,许多植物除了满足传统审美,具有形态、色彩、意境等审美特性,还具有康体宜人的效果。如桂花、梅花等传统植物,不仅深受国人喜爱,给人们以文化启迪,而且其花香清雅芬芳,为居住区环境带来了清新雅致的享受;如紫薇、木槿等植物,除了提供户外赏花的审美享受,还对 SO_2 等有害气体具有较强的吸收作用,让居住区内的空气得到净化;还有很多植物如龙柏等能分泌一定的芳香烃,可以有效地杀死空气中的细菌。即使普通的绿化植物,也可以通过呼吸作用吸附空气中的尘土,从而起到减少空气中游离细菌的作用,让居住区环境更加健康宜人。

6.3.2 居住区绿地的空间功能

居住区绿化空间规划设计中融合了建筑布局、室外人流活动、公共交通、消防等多种功能,结合景观设计的多种要素进行空间组织,有利于形成多样而有序的居住区空间环境。

1. 从规划形式上

居住区绿地沿道路、建筑周边、公共服务中心进行布置,有效地标识和装点建筑环境,柔化场景空间,同时增加建筑的可识别性,让整体空间环境呈现建筑、绿化、地面的层次感。

居住区绿地要求最终形成点、线、面的绿地系统结构,不仅强化了绿地之间的关联性,增强绿地的生态环境功能,还从规划的图形以及场地的实际体验上增强了居住区的秩序感,让居住区整体空间表现出清晰的图形结构,从而增加居民的印象,让他们能够获得更加强烈的归属感。

2. 从城市构图上

居住区绿地的组织,绿量的提高,从居住区的整体构图上,让住宅从绿色的基底上突出,从而在城市构图上形成较强烈的区域特征,使城市各项空间要素更加融合协调,城市意象更加明晰。有些居住区还可以充分利用地形的起伏,将建筑掩映在绿树群落中,从而保留城市原有的地貌特征,在整体景观风貌上维系了城市充足的绿色。

3. 从空间组织上

居住区绿地利用绿色植物素材的围合遮挡功能,可以有效地形成各种交往空间,如开敞空间、半开敞空间、私密空间等多种空间形态,为居住区不同人群的室外活动提供多种需求,满足不同群体、性格、社会属性的人群需求。而绿色植物对空间的分隔又不同于建筑和空间构筑物,它具有柔和亲切的特征,能有效组织过渡空间,让场所形态多样包容。

6.3.3 居住区绿地的社会功能

绿色的环境给我们带来了清新的空气,同时还能愉悦心情、放松身心,是城市工作或活动空间场所中的清新剂。

1. 居住区绿地美化了环境,营造出四季变化又具有生机的人居空间

植物的生命特征会随着四季的更替而不断变化,春有新绿,夏有红花,秋天落叶,冬日霜雪。我们看节气变化,都需要根据植物的叶、花、果的变化来判断,居住区环境中有了多种植物,能及时给予我们气候变化的提示,同时装点场地空间,增加生机。

2. 居住区绿地设计可结合景观设计要素,营造出具有街区特色的文化景观

居住区绿地设计结合了铺装、植物、道路与小品等各种要素,在铺装的形态、植物的寓意、小品的营造上可以结合小区生活、社会、历史、环境等各种主题营造出具有文化底蕴的空间环境,提高居民的生活归属感和社区意识(图 6.3)。而结合景观设计营造出的绿地,同时也是居民进行户外交流、获取信息的有效场所。如社区中心绿地结合文化信息展示和公益宣传等设施,让居民及时获取社会资讯和文化知识,使居住区更具人文氛围。

3. 居住区绿地设计,有利于营造融洽亲切的邻里关系

居住区绿地景观设计为居民提供的日常健身设施、漫步跑道、儿童游乐区等空间

图 6.3　上海城规划方案总平面图

场所,让居民可以结合自身情况选择户外活动,自觉形成不同的群体,有利于日常交往,加强邻里关系。同时,绿地景观设计为人们提供了能满足多种需求的场所空间,有效利用了建筑外环境,为居住区保持了一定的人气,增加了绿地使用率,提高了居住区整体活动的安全性。

6.4　居住区绿地的布局原则

总体上讲,居住区绿地的布局应以达到环境与景观共享、自然与人工共融为目标,充分考虑居住区生态建设方面的要求,保持和利用自然的地形和地貌,发挥其最大效益。同时,居住区的绿地布局系统宜贯通整个居住区,与步行游憩布局结合,并将居住区的户外活动场地纳入其中。绿地系统不宜被车行道路过多地分割或穿越,也不宜与车行系统重合。

6.4.1　居住区绿地布局的基本要求

(1)居住区的绿地景观营造应充分利用现有场地的自然条件和环境特点,宜保留和合理利用已有树木、绿地和水体,结合居住区规划布局,采用集中与分散相结合,点、线、面结合的方式,形成完整统一的绿地系统(图 6.4)。

(2)绿地除与各种活动场地结合以外,还要与住宅建筑空间、公共建筑环境结合,为创造一个优美的生态居住环境提供自然基础条件。

(3)考虑到经济性和地域性原则,植物配置应选用适宜当地条件和适于当地生长的植物种类,以易存活、耐旱力强、寿命较长的地带性乡土树种为主。同时,考虑到

某居住区绿地规划布局 深圳景庭苑

图 6.4 居住区绿地系统

居民的安全健康,住宅庭院应注意种植冬可透光、夏可遮阳,无毒无臭、病虫害少、无针刺、无落果、无飞絮、无花粉污染、耐阴、吸尘、不易导致过敏的植物品种,不应选择对居民室外活动安全和健康产生不良影响的植物。

（4）尽量利用劣地、坡地、洼地进行绿化,节约用地。

（5）以价廉、易管、易长为原则,不追求名贵的花木品种。

（6）新建各级生活圈居住区应配套规划建设公共绿地,并应集中设置具有一定规模,且能开展休闲、体育活动的居住区公园。

（7）当旧区改建确实无法满足表 6.1 中的规定时,可采用多点分布以及立体绿化等方式改善居住环境,但人均公共绿地面积不应低于相应控制指标的 70％。

（8）居住街坊内的绿地应结合住宅建筑布局设置集中绿地和宅旁绿地。

（9）居住街坊内集中绿地的规划建设,应符合下列规定:新区建设不应低于 0.50 m²/人,旧区改建不应低于 0.35 m²/人;宽度不应小于 8 m;在标准的建筑日照阴影线范围之外的绿地面积不应少于 1/3,其中应设置老年人、儿童活动场地。

6.4.2 居住街坊内绿地及集中绿地的计算规则

（1）通常满足当地植树绿化覆土要求的屋顶绿地可计入绿地,不应包括其他屋顶、晒台的人工绿地,绿地面积计算方法应符合所在城市绿地管理的有关规定。

（2）当绿地边界与城市道路临接时,应算至道路红线;当与居住街坊附属道路临接时,应算至路面边缘;当与建筑物临接时,应算至距房屋墙脚 1.0 m 处;当与围墙、院墙临接时,应算至墙脚。

（3）居住街坊集中绿地是方便居民开展户外活动的空间,为保障安全,其边界距建筑和道路应保持一定距离,因此集中绿地比其他宅旁绿地的计算规则更为严格:当集中绿地与城市道路临接时,应算至道路红线;当与居住街坊附属道路临接时,应算至距路面边缘 1.0 m 处;当与建筑物临接时,应算至距房屋墙脚 1.5 m 处。

居住街坊内绿地及集中绿地的计算规则示意如图 6.5 所示。

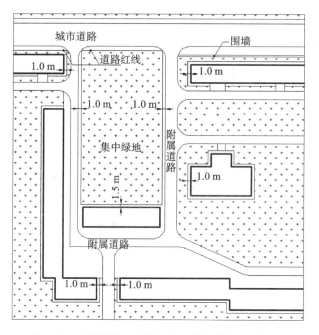

图 6.5　居住街坊内绿地及集中绿地计算规则示意

6.5　居住区公共空间的布局

公共空间是供人们日常生活和开展社会活动的公用城市空间,一般包括庭院、街道、广场、公园等。作为居住区内塑造景观环境的重要内容,公共空间在美化居住环境、引导设施布局、组织公共交往等方面具有重要的作用。因此,居住区应通过空间布局,合理组织建筑、道路、绿地等要素,塑造宜人的公共空间,并形成公共空间系统(图 6.6)。

健身广场　　　　　　庭院　　　　　　街道

图 6.6　居住区公共空间系统

对于居住区内部的公共空间系统,应在空间要素组织和整合的基础上,从微观到宏观尺度与城市级的公共空间进行衔接,形成由点、线、面等不同尺度和层次构成的城市公共空间系统。对于居住区而言,其公共空间系统应与各级公共设施衔接,统筹安排公共空间和公共设施,既方便居民使用公共设施,又能增添居住区公共空间的活力。

因此,新标准中明确要求:居住区规划设计应统筹庭院、街道、公园及小广场等公共空间,形成连续、完整的公共空间系统,并应符合下列规定。

1. 宜通过建筑布局形成适度围合、尺度适宜的庭院空间

建筑的适度围合可形成庭院空间(如 L 形和 U 形建筑两翼之间的围合区),应注意控制其空间尺度,形成具有一定围合感、尺度宜人的居住庭院空间,避免产生天井式等负面空间效果。

建筑间的宽度(D)与建筑的高度(H)之比能够给人以不同的心理感受(图 6.7),在宽高比大于 2 时,会让人感觉空间离散,虽然可以看清建筑轮廓及背景,但是观感模糊,空间围合感消失;在宽高比为 1.5~2 时,空间比较均衡,让人感觉宽敞流动,可以看清建筑整体,空间具有一定的内敛性、向心性,不致产生排斥、离散的感觉,适合营造宜人的环境氛围;在宽高比为 1.0~1.5 时,空间内聚,让人感觉安定舒适,可以看清建筑细部,尺度亲切,利于环境营造;在宽高比小于 1 时,容易让人感觉压抑。

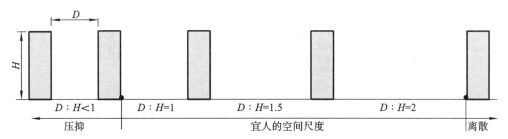

图 6.7　合理控制庭院空间的宽高比

2. 应结合配套设施的布局,塑造连续、宜人、有活力的街道空间

作为公共空间的重要组成部分,宜人而有活力的街道空间有利于增添居住区活力、方便居民生活、促进居民交往。通过街道的线型空间,可沿街布置商业服务业、便民服务等居住区配套设施,并将重要的公共空间和配套设施进行连接。在街道空间的塑造上,应优化临街界面,对临街建筑宽度、体量、贴线率等指标进行控制,优化铺地、树木、照明设计,形成界面连续、尺度宜人、富有活力的街道空间(图 6.8)。

3. 应构建动静分区合理、边界清晰连续的小游园、小广场

各级居住区公园绿地应构建便于居民使用的小游园和小广场,作为居民集中开展各种户外活动的公共空间,并应按动静分区设置。动区供居民开展丰富多彩的健身和文化活动,宜设置在居住区边缘地带或住宅楼栋的山墙侧边。静区供居民进行低强度、较安静的社交和休息活动,宜设置在居住区靠近住宅楼栋的位置,并和动区保持一定距离。通过动静分区,各场地之间互不干扰,塑造和谐的交往空间,使居民既有足够的活动空间,又有安静的休闲环境。在空间塑造上,小游园和小广场宜通过建筑布局、绿化种植等进行空间限定,形成具有围合感、界面丰富、边界清晰连续的空间环境(图 6.9)。

图 6.8 某居住区街道空间

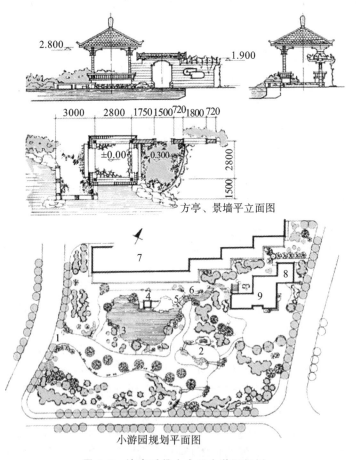

图 6.9 济南千佛山小区小游园规划

1—入口标志；2—雕塑；3—涌泉；4—方亭；5—平桥；6—叠水；7—住宅楼；8—管委会；9—公厕

4. 宜设置景观小品美化生活环境

景观小品是居住区环境中的点睛之笔,通常体量较小,兼具功能性和艺术性,对生活环境起点缀作用(图 6.10)。居住区内的景观小品一般包括雕塑、大门壁画、亭台、楼阁等建筑小品,座椅、邮箱、垃圾桶、健身游戏设施等生活设施小品,路灯、防护栏、道路标志等道路设施小品。景观小品设计应选择适宜的材料,并应综合考虑居住区的空间形态和尺度以及住宅建筑的风格和色彩。景观小品布局应综合考虑居住区内的公共空间和建筑布局,并考虑老年人和儿童的户外活动需求,进行精心设计,体现人文关怀。

图 6.10　居住区景观小品

6.6　居住区绿地景观规划的要求

6.6.1　功能性要求

居住区居住环境的营造应体现绿地的功能性与环境的使用性原则,从景观的整体布局、环境的构成要素、住宅的空间组合等各方面关注居住区的城市功能性、场所的使用功能性等。

居住区绿地景观的整体布局要体现功能性原则。居住区的外围、街坊周边、城市道路等区域景观组织应以植物元素为主,形成围合与隔离,一方面保证居住区的独立性和安全性,另一方面用以区别城市其他功能空间。而居住区内部的院落空间、宅间活动空间则应布置一定的活动场地或设施,由小品或点景布置,植物布置应避免采用密闭和大绿量形式,且应满足居民日常活动的需求及空间识别的需要。

居住区环境的构成要素以亲切宜人、点缀空间场地与建筑外环境为主,宜选择经济实用的素材,少用或不用造价高昂、稀有或养护要求高的素材。植物品种可选择适应性好、观赏价值高的传统植物及当地物种,少用名贵植物与新引进的植物。居住区无须追求夸张、哗众取宠,重要的是满足居民日常生活需求及提供必要的建筑户外空间,户外设施要以安全适用为主;适当的户外铺装可满足老人健身、青年和儿童的游戏活动,但不能过多占用绿化用地;座椅、亭台、雕塑等小品可以装饰环境,增加文化氛围,但要与小区整体风格统一,以亲切宜人为主,切忌奢华、铺张(图 6.11)。对于居住区游泳池、水面等的建设要结合居住区人群及周边环境,考虑养护的难度及四季的延续性问题。

图 6.11 居住区环境的营造

居住区环境中的基础设施、功能性构造等除满足功能需要以外,应尽量结合场地的活动空间组织进行布置,考虑避开对人群活动的干扰。对于建设了地下空间的屋面覆土空间绿化,通风采光等设备占用的绿地空间,进行绿化设计时要尽量结合这些设施空间进行路线组织,避开居民活动的主要空间。

6.6.2 绿地建设要求

居住区内绿地的建设及其绿化应遵循适用、美观、经济、安全的原则。

(1)应采用乔木、灌木、草坪相结合的复层绿化方式,充分考虑场地及住宅建筑冬季日照和夏季遮阴的需求。

宜发展立体绿化,形成层次丰富、舒适宜人、健康安全的景观环境(图 6.12)。通常以乔木为主,群落多样性与特色树种相结合,提高绿地的空间利用率,增加绿量,达到有效降低热岛强度的目的。注重落叶树与常绿树的结合和交互使用,满足夏季遮阳和冬季采光的需求。同时也使生态效益与景观效益相结合,为居民提供良好的景观环境和居住环境。

图 6.12 乔木、灌木、草坪相结合的复层绿化方式

（2）适宜绿化的用地均应进行绿化，并可采用立体绿化的方式丰富景观层次、增加环境绿量。

居住区用地的绿化可有效改善居住环境，可结合配套设施的建设，充分利用可绿化的屋顶平台及建筑外墙（图 6.13）。居住区规划建设可结合气候条件，采用垂直绿化、退台绿化、底层架空绿化等多种立体绿化形式，增加绿量，同时应加强地面绿化与立体绿化的有机结合，形成富有层次的绿化体系，进而更好地发挥生态效用，降低热岛强度。

图 6.13　居住区的立体绿化方式

（3）有活动设施的绿地应符合无障碍设计要求并与居住区的无障碍系统相衔接。

居住区绿地内的步行道路、休闲场所等公共活动空间，应符合无障碍设计要求，并与居住区的无障碍系统衔接（图 6.14）。步行道经过车道以及与不同标高的步行道相连接时应设路缘坡道，坡道坡度不宜大于 2.5％，当坡度大于 2.5％时，变坡点应予以提示，并宜在坡度较大处设扶手。

图 6.14　居住区步行道路应符合无障碍要求

（4）绿地应结合场地雨水排放进行设计。

为减少雨水径流外排，居住区可以合理利用绿地，采用雨水花园、下凹式绿地、景观水体以及干塘、树池、植草沟等具备调蓄雨水功能的绿化方式,对区内雨水进行有序汇集,控制径流,起到调蓄减排的作用。

植物是天然的蓄水库,能够有效防止地表的水土流失,起到一定的蓄水作用。合理的植物选择与设计是绿色雨水基础设施能够长期、有效地发挥功能的关键。绿色雨水基础设施中的植物选择不同于常规的植物选择,除了要考虑景观功能,更重要的是要考量植物在特殊环境下的生长状况以及在雨水设施中的特殊功能。优先选择适应场地环境的乡土植物,慎用外来物种,尽量避免选择入侵物种或有破坏性根系的植物。乡土植物对本地的适应能力强,维护成本低,构建的生态群落稳定。入侵植物容易给已经建立起来的生态系统造成严重冲击,给管理维护带来压力。同时,要根据场地景观美学要求,结合植物的生物学特性及观赏特性,丰富物种搭配,提高群落稳定性,优先选用景观价值好、生态效益高的植物。

下凹式绿地的下凹深度应根据植物耐淹性能和土壤渗透性能确定,一般为 10～20 cm。在不同下凹深度配植植物时,要充分考虑到不同植物的耐水及耐旱特性,优先选择根系发达、净化能力强、耐短时水淹、有一定抗旱能力的植物种类,采用乔木、灌木、草坪相结合的多种群落结构,形成季相变化丰富的绿地景观(图 6.15)。

下凹式绿地　　　　　　雨水花园　　　　　　　　　景观水体

图 6.15　绿地应结合场地雨水排放进行设计

6.6.3　其他有关要求

1. 硬质铺装的透水性要求

居住区公共绿地活动场地、居住街坊附属道路及附属绿地的活动场地的铺装,在符合有关功能性要求的前提下应满足透水性要求。

居住街坊内的道路应优先考虑道路交通的使用功能,在保证路面路基强度及稳定性等安全性要求的前提下,路面宜满足透水功能要求,尽可能采用透水铺装,增加场地透水面积(图 6.16)。地面停车场也应尽可能满足透水要求。同时,公共绿地中的小广场等硬质铺装应满足透水要求,实现雨水下渗至土壤或通过疏水、导水设施导入土壤,减少对自然生态系统的损害。在透水铺装的具体做法上,可根据不同功能需求、城市地理环境、气候条件选择适宜的形式,例如人行道及车流量和荷载较小的道路可采用透水沥青混凝土铺装,地面停车场可采用嵌草砖,公共绿地中的硬质铺装宜采用透水砖和透水混凝土铺装,公共绿地中的步行路可采用鹅卵石、碎石等透水铺装。

透水砖非机动车道及人行道　　　透水混凝土活动广场　　　结合雨水花园的木栈道

图 6.16　透水性硬质铺装的类型

2. 夜间照明的要求

居住街坊内附属道路、老年人及儿童活动场地、住宅建筑出入口等公共区域应设置夜间照明,照明设计不应对居民产生光污染。

兼具功能性和艺术性的夜间照明设计,不仅可以丰富居民的夜间生活,还能提高居住区的环境品质。然而,若户外照明设置不当,则可能产生光污染,并严重影响居民的日常生活,因此户外照明设计应满足不产生光污染的要求。居住街坊内的夜间照明设计应从居民生活环境和生活需求出发,宜采用泛光照明,合理运用暖光和冷光进行协调搭配,对照明设计进行艺术化提升,塑造自然、舒适、宁静的夜间照明环境。在住宅建筑出入口、附属道路、活动场地等居民活动频繁的公共区域进行重点照明设计。针对居住建筑的装饰性照明以及照明标识的亮度水平进行限制,避免产生光污染。

另外,由太阳能热水器、光伏电池板等建筑设施设备的镜面反射材料引起的反射光也是光污染的一种形式,产生的眩光会让居民感到不适,因此,居住区的建筑设施设备设计,不应对居住建筑室内产生反射光污染。

3. 建筑风貌要求

居住区的建筑肌理、界面、高度、体量、风格、材质、色彩应与城市整体风貌、居住区周边环境及住宅建筑的使用功能相协调,并体现地域特征、民族特色和时代风貌。

居住区内的建筑设计应形式多样,建筑布局应层次丰富。但这种多样性和丰富性并不单纯体现在颜色多和群体组合花样多等方面,应该强调的是与城市整体风貌相协调,强调与相邻居住区和周边建筑空间形态的协调与融合。盲目追求多样、丰富、变化,难免会形成杂乱无章、毫无秩序的空间。因此,应在居住区的规划设计中运用城市设计的方法进行指引:对于建筑设计,应从地区及城市的全局视角来审视建筑设计的相关要素,有效控制建筑的高度、体量、材质和色彩,并与其所在区域环境相协调;对于建筑布局,应结合用地特点,加强群体空间设计,延续城市肌理,呼应城市界面,形成整体有序、局部错落、层次丰富的空间形态,进而形成符合当地地域特征、文化特色和时代风貌的空间和景观环境。

4. 既有居住区改造与更新要求

既有居住区已出现不能满足当前居民生活需求的情况,如步行系统不能满足无障碍设计要求,硬质铺装面积过大或未采用透水材料,绿地未体现海绵城市建设的理念,缺少机动车停车场,绿地、人行道等公共空间被占用,市政管网老化、内部道路拥挤不堪、公共空间缺乏领域感、住宅间距空间拥挤、宅间绿化景观空间单调等(图 6.17)。对既有居住区的生活环境进行的改造与更新,应包括无障碍设施建设、绿色节能改造、配套设施完善、市政管网更新、机动车停车优化、居住环境品质提升等。

图 6.17 既有居住区存在的多种问题

5. 环境卫生要求

在居住区规划中,对于餐饮店等容易产生气味和油烟的商业服务设施,以及生活垃圾收集点、公共厕所等容易产生异味的环卫设施,应进行合理布局,避免气味、油烟、异味等对居民生活产生影响。同时,对于上述设施应尽量采用封闭式设计。

6.7 居住区外部环境规划与设计

居住区外部环境景观空间设计应充分结合居住区空间环境特征,充分利用建筑外空间,结合场所使用需求进行多样空间的组织。同时还要注意与住宅建筑、周围城市等整体环境空间的协调与联系。(参考网络视频"柳州万科城白露亭苑景观概念设计",网址 为 https://tv.sohu.com/v/dXMvMzc5NTI3MTExLzQyMjQ0MjA5My5zaHRtbA==.html。)

6.7.1 居住区外部环境规划与设计的要素

居住区外部环境规划与设计的要素包括软材要素和硬材要素。软材要素主要包括微地形景观、植物景观和水体景观,是居住区户外环境的脉络,能有效软化建筑功能空间,让居住区整体环境更加宜人亲切;硬材要素主要包括建筑小品、基础设施构造、硬质铺地、人工构筑物等,是居住区户外环境的点缀,也是居住区文化的主要载体,有助于表现居住区空间的识别性和特征性。

1. 微地形景观

微地形景观是现代景观设计中常用的造景形态,是指在景观营造的过程中,通过模拟大地形态及起伏错落的韵律而设计出有起伏变化的地形。微地形景观用地规模小,其起伏主要起到引导隔离的观景作用,因此高低起伏较小,大多数微地形景观的高度控制在 1.5 m 左右。

2. 植物景观

植物是居住区环境中最为常见的景观要素,大多数园林植物都可以作为居住区景观植物对小区进行美化。居住区景观植物选择包括乔木、灌木、草坪地被植物与花卉,除了满足居住区整体要求,也应根据居民审美习惯及当地的气候环境、土地性质等进行选择。

3. 水体景观

水体景观与植物景观同属于软材要素,水是生命之源,可以让小区环境更具亲和力,也能有效融合居住区的各类环境空间。但是水体景观的维护和保持需要耗费大量人力、物力,因此,居住区的水体景观需要根据居住区的具体情况进行选择。

4. 建筑小品

建筑小品在环境空间中具有较强的标识性与空间识别性,在居住区中心绿地中起到画龙点睛的作用,有利于突出场所主题。居住区中建筑小品应以游憩休闲功能为主,其形态与结构要与周围环境有效融合,在体量上也要根据实际场地规模进行相应控制。建筑小品还包括居住区空间中点缀的主题雕塑、具有主题意义的构筑物等。

5. 基础设施构造

居住区中各类管网的地面节点构造和基础设施作业构造,是保证居住区正常运转的基础,包括各类变电箱、电缆箱、自来水阀、暖气加压房站等城市市政基础设施站点,以及建筑地下部分通风采光的地面设施;此外,居住区中的路牌、垃圾桶、景观照明设施等也属于基础设施构造的一部分,为居住区提供便捷的生活服务,同时又装饰、美化居住区环境。

6. 硬质铺地

居住区中的硬质铺地,除了必要的车行交通道路,还包括大多数人行通道、景观步道等,多由石材、混凝土、复合砖材、木材等构成。此外,现代居住区户外空间中的停车铺装,也属于硬质铺地或半硬质(嵌草砖)铺地。硬质铺地应注意选择透水性好的材料,以实现雨水的下渗。

7. 人工构筑物

人工构造物包括人工水池及池中山石等;还包括居住区环境中点缀的雕塑、山石、构架等装饰物,以及园林工程类构筑物(如桥台隧道、护坡挡墙等)。人工构筑物不仅保证了园林空间场所的游憩活动与安全,同时也具有一定的文化内涵与场景装饰意义。

6.7.2　居住区集中绿地布置的基本形式

居住区集中绿地的布置形式大体上可分为规则式、自由式和混合式三种类型(图6.18)。

1. 规则式

规则式布置的集中绿地有明显的中轴线,中轴线的前后左右对称或拟对称,地块

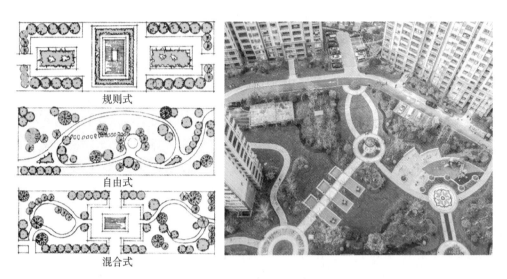

图 6.18　居住区集中绿地的布置形式

主要划分成几何形体。植物、小品及广场等呈几何形状,且有规律地分布在绿地中,如天津南苑居住区凤园里小游园(图 6.19)。规则式布置形式往往给人一种规整、庄重的感觉,但形式不够活泼。

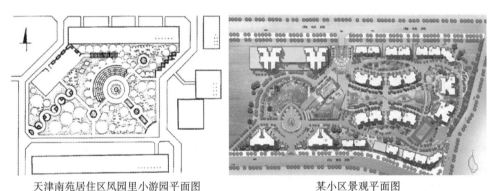

天津南苑居住区凤园里小游园平面图　　　　某小区景观平面图

图 6.19　规则式布置的集中绿地

2. 自由式

自由式布置的集中绿地平面布局较灵活,道路布置曲折迂回,植物、小品等较为自由地布置在绿地中,同时结合自然地形、水体等丰富景观空间。植物配置一般以孤植、丛植、群植、密林为主要形式。自由式布置形式的特点是自由活泼,易创造出自然别致的环境(图 6.20)。

3. 混合式

混合式布置是规则式布置和自由式布置的交错组合,没有控制整体的主轴线或副轴线。一般情况下可以根据地形或功能的具体要求来灵活布置,既与建筑协调,又能产生丰富的景观效果,其主要特点是可在整体上产生韵律感和节奏感(图 6.21)。

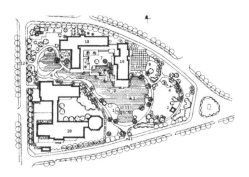 

图 6.20　自由式布置的集中绿地

1—蘑菇亭;2—方亭假山;3—雕塑;4—雕塑;5—石灯笼;6—曲桥;7—座板栏杆;8—花架;9—水池;
10—景墙;11—入口;12—入口;13—曲桥;14—座凳;15—汀步;16—塑树桩凳;17—水生植物;
18—青老年活动室;19—文化站;20—幼儿园

北京古城公园　　　　　　　　　　　　深圳东海花园二期中心花园

图 6.21　混合式布置的集中绿地

1—中心雕塑广场;2—水榭;3—亭;4—水池;5—盆景园;6—儿童游戏场;7—主入口

新标准明确居住区公共绿地是为各级生活圈居住区配建的公园绿地及街头小广场,对应城市用地分类 G 类用地(绿地与广场用地)中的公园绿地(G1)及广场用地(G3),不包括城市级的大型公园绿地及广场用地,也不包括居住街坊内的绿地。

15 分钟生活圈居住区相当于直径 1500 m 左右的城市生活空间,在这一空间范围内,除了城市道路绿地、公共管理及公共服务类建筑附属绿地、城市自然河流等绿地类型,还需要有 1 个居住区公园,根据新标准的要求,居住区公园最小规模需要达到 5 hm² 以上,最小宽度 80 m。10 分钟生活圈居住区相当于直径 1000 m 左右的城市生活空间,在这个空间范围内,除了城市道路绿地、公共建筑附属绿地等城市绿地,还需要有 1 个居住区公园,根据新标准的要求,居住区公园最小规模需要达到 1 hm² 以上,最小宽度 50 m。5 分钟生活圈居住区相当于直径 500 m 左右的城市生活空间,从城市整体空间环境与功能布局的角度看,这个空间范围内,除城市道路绿地,公共建筑及单位附属绿地外,还需要有 1 个居住区公园,根据新标准的要求,居住区公园最小规模需要达到 0.4 hm²,最小宽度 30 m。

对于 15 分钟生活圈居住区而言,因为该生活圈居住区内生产、生活的复合性,中心绿地的场所与功能将更加多样与包容,必须遵循城市综合性公园设计的基本要求进行景观规划与设计,通过划分景区,进行园路铺装及各类管理设施配套建设。15 分钟生活圈居住区、10 分钟生活圈居住区的功能布局应按照城市绿地分类标准中城市综合公园的规模进行功能布局及场地设计。各类生活圈居住区中心绿地景观设计均可参照《城市绿地分类标准》(CJJ/T 85—2017)、《公园设计规范》(GB 51192—2016)进行规划设计,本书不再赘述,只对居住街坊内各种绿地以及环境景观进行分析。

6.7.3 居住街坊环境景观的规划与设计

居住街坊用地范围内的道路、各种活动场地、小广场、山、石、水、集中绿地、宅间(旁)绿地以及建筑小品等是构成居住街坊这种基本居住单元环境景观的基本要素。其中,绿地应包括所有进行了绿化的用地,也包括满足当地植树绿化覆土要求、向居民开放的地下或半地下建筑的屋顶绿化。(参考网络视频"合肥市滨湖某居住小区规划设计方案",网址为 https://haokan.baidu.com/v? pd = wisenatural&vid = 14767584892910493252。)

1. 集中绿地

集中绿地是结合居住街坊住宅建筑的布局所配置的一种绿地形式,随着居住街坊建筑群的布置方式和组合手法的变化,其大小、位置和形状也会相应变化。集中绿地用地规模不大,通常为 0.05~0.15 hm²,换算成人均用地指标,即不低于 0.5 m²/人(旧区改建不应低于 0.5 m²/人),且绿地宽度不小于 8 m。

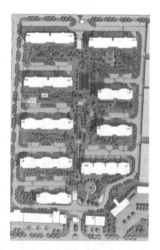

集中绿地通常靠近住宅建筑,主要是为街坊内的居民提供户外活动、邻里交往、健身锻炼、儿童游戏和老年人聚集的场所,因此街坊内的集中绿地应设置小型老年人及儿童的活动场地和设施,适合成年人休息散步,且应满足有不少于 1/3 的绿地面积在标准的建筑日照阴影范围之外。

将行列式住宅建筑的山墙距离适当加大,也能够形成集中绿地,这类集中绿地在使用时受住户的视线干扰少,日照比较充足,若与道路配合得当,绿地的可达性强,使用效果好(图 6.22)。围合式布置的住宅建筑能够获得一个较大的院落,集中绿地与其结合进行布局可营造出围合度、封闭感和领域感强的空间,能够加强邻里关系(图 6.23)。通过

图 6.22 山墙之间形成集中绿地

扩大行列式住宅建筑之间的间距也能够形成集中绿地,但要满足有不少于 1/3 的绿地面积在标准的建筑日照阴影范围之外的条件,这类集中绿地存在的主要问题在于住户对院落的视线干扰严重,使用效果也会受到影响。此外,还可以将集中绿地布置在住宅建筑群一侧,不仅能够充分利用土地,还能够避免消极空间的出现。当居住街坊内有河、小山丘等自然条件时,集中绿地可结合这些自然条件进行布置,能够取得较好的景观效果。

图 6.23 围合式集中绿地

2. 宅旁绿地及空间构成

宅旁绿地是住宅内部空间的延续,集中绿地的补充和扩展。宅旁绿地虽不具有较强的娱乐、游赏功能,但它是最接近居民的居住街坊绿地,为居住街坊内成人交往、老人聊天下棋以及儿童嬉戏提供场所。宅旁绿地景观环境的营造能够促进邻里关系,并且由于其具有浓厚的传统生活气息,能够缓解现代住宅建筑单元的封闭感和隔离感。宅旁绿地应与周围建筑的高度相协调,并受周围建筑形体与布置方式的影响。

根据宅旁绿地的不同领域属性和空间的使用情况,可以将其分为基本空间绿地和聚居空间绿地两部分。聚居空间绿地是指居民经常到达和使用的宅旁绿地,对住户来说,这种绿地使用频率最高,因此其绿化设计就显得尤为重要,其布置除应具备生态性和景观性外,还应具备绿地的实用性。基本空间绿地是指保证住宅正常使用而必须留出的、居民一般不易到达的绿地,在规划中应重视其环境的生态性、景观性以及经济性要求。

根据宅旁绿地的不同领域属性及其使用情况,宅旁绿地的空间构成可分为三个部分:近宅空间、庭院空间、余留空间(图 6.24)。其中,以庭院空间最为重要。

(1)近宅空间。

近宅空间分为两个部分,一部分为底层住宅小院和楼层住户阳台、屋顶花园等;另一部分为单元门前用地,包括单元入口、入户小路、散水等。前者为用户领域,后者为单元领域（图6.25、图6.26）。

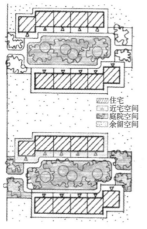

图例：
- 住宅
- 近宅空间
- 庭院空间
- 余留空间

图 6.24　宅旁绿地的空间构成

图 6.25　用户领域的近宅空间

最小的近宅空间　　　　　　　绿篱围合的观赏型近宅空间

设置绿篱、短墙、硬铺地的半开敞型近宅空间　　设置花坛、硬铺地的开敞型近宅空间

图 6.26　单元领域的近宅空间

近宅空间对住户来说是使用频率最高的过渡性小空间，在这里可以取信件、拿牛奶、等候、纳凉，还可以停放自行车、玩耍等，它不仅具有实用性和促进邻里交往的意义，还具有识别性和防卫作用。设计近宅空间时，要适当扩大使用面积，做一定的围

合处理,如做绿篱、短墙、花坛、座椅、铺地等,自然适应居民日常行为,使其成为主要由本单元居民使用的单元领域空间。至于底层住户小院、楼层住户阳台、屋顶花园等属住户私有,除提供建筑及竖向绿化外,具体布置可由住户自行安排。

（2）庭院空间。

庭院空间包括庭院绿化、各活动场地及宅旁小路等,属住宅建筑群和楼栋领域。

庭院空间主要是结合各种活动场地进行绿化配置,并注意各种环境功能设施的应用与美化。其中应以植物为主,并加入尽可能多的绿色元素,使有限的庭院空间产生最大化的绿化效应（图 6.27）。

庭院空间可划分为动区与静区（图 6.28）。动区主要指游戏、活动场地;静区则为休息、交往等区域。动区中的成人活动（如晨练等）空间,动而不闹,可与静区贴邻合一;儿童游戏空间则动而吵闹,可在宅端山墙空地、单元入口附近或成人视线所及的中心地带设置。此外,住宅临窗外侧、底层杂物间、垃圾箱等部位都应进行隐蔽处理,以免影响观瞻,并满足私密性要求。单元入口、主要观赏点、标志物等则应显露无遗,便于识别和观赏（图 6.29、图 6.30）。

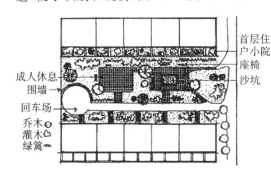

图 6.27　庭院绿地布置示意

图 6.28　随地形变化的庭院空间

图 6.29　错落景墙构成的庭院空间

庭院空间可进行植物构设。植物是组织和塑造自然空间的有生命的建筑材料,使人工建筑与大自然融为一体。庭院植物中,乔木是庭院空间的骨干元素,形成空间

图 6.30 绿地郑州·海珀兰轩庭院空间

构架;灌木是协调元素,适于空间围合;花卉是活跃元素,用以点缀装饰;草皮是背景元素,用以铺垫衬托;藤蔓是覆盖元素,用于攀附和垂直绿化。

宅间庭院空间运用植物加以限定和组织,可丰富空间层次,增强空间变化,形成不同的空间品质,使有限的庭院空间焕发出无限的魅力。

植物构设常用的空间组织手法有以下几种。

①围合:是指将绿篱树墙、花格栅栏等作为竖向界面来围合空间,其限定界面愈多、愈高、愈厚、愈实,则其限定性愈强,也愈能反映私密、隐蔽、防卫等特征;反之则限定性减弱,反映公共、开敞、交往的特征。

②覆盖:是指将瓜棚花架、树荫伞盖等作为水平界面来限定空间,人的视线和行动不受限制,但有一定的潜在空间意识和安定感。

③凹凸:凸起的绿丘、高低错落的住宅屋顶绿化,具有较强的展示性;凹陷的下沉庭园绿化则有较强的隐蔽性、安全性,与上部的活动隔离开,形成闹中取静之所。

④架空:住宅与分层入口处的天桥、高架连廊等,交相穿插,飘逸灵动,可组成生动的立体绿化空间。

⑤肌理变化:草坪、花圃与各种硬质材料铺装的场地间,因材质肌理的不同,自然形成空间的区分与限定,构成意象性的开敞活动空间。

⑥设置:是把物体独立设置于空间的视觉中心,形成具有向心性的意向性空间。设置物要求具有突出的点缀或标志作用。

(3)余留空间。

余留空间是上述两项领域外的边角余地,大多是住宅群体组合中领域模糊的消极空间,主要指没有被利用或归属不明的空间,如宅旁绿地的边角地带、山墙之间、小径交叉口、住宅与围墙之间等。居住区规划设计应发掘这类空间的潜力并加以利用。注入恰当的元素能使余留空间变成一种积极的可用空间,如在靠近内部庭院的住宅山墙处设儿童游戏场、老年人休闲健身场;将挡土设施作为掩体垃圾收集点,并用绿化隐蔽;地形起伏较大的区域,可以结合绿化将沿山墙的梯道做折线形处理,加宽休息平台,将路灯、果皮箱稍做处理,作为路标小品点缀,缓解上行时的疲劳心理;靠近道路的零星地可设置小型分散的市政公用设施,如配电站、调压站等(图 6.31)。

图 6.31 余留空间的处理

6.7.4 居住街坊环境设施的规划布局

环境设施主要是指居住街坊外部空间中供人们使用、为居民提供服务的各类设施。环境设施的完善与否体现居民生活质量的高低,完善的环境设施不仅给人们带来生活上的便利,还给人们带来美的享受。

1. 环境设施的内容与作用

环境设施通常包括建筑设施(休息亭、廊、钟塔、景墙、连廊、过街楼、雨篷、出入口、花架、围墙、车库出入口等);装饰性设施(雕塑、水池、喷泉、叠石、花坛、花盆、壁画等);公用设施(垃圾箱、标志牌、广告牌、公共厕所、路牌、灯柱、灯具、路障、自行车棚、候车棚等);市政设施构筑(斜坡、挡墙、台阶、道路缘石、雨水口等);铺地(车行道、步行道、停车场、健身广场等);游憩健身设施(游戏器械、健身器材、沙坑、座椅、桌子等)。

在居住区外部环境中,以上这些普遍性的环境设施不可或缺,而且这些设施和部件均应精心设计,提高其品位,使一草一木、一路一坎、一池一水、一山一石浑然一体,创造具有传统气息和时代脉搏的居住空间环境,并体现"标准不高气质高、用地不多环境美"的创作理念(图 6.32)。

在居住区外部环境中,微观环境设计精致,尺度适宜,更容易贴近人群,因而更具有吸引力。一般来说,环境设施有以下三种作用。

(1)功能性作用。环境设施的首要作用就是满足人们日常生活的使用,比如居住区内路边的座椅、用于乘凉的廊子和花架、卫生设施、路灯、台阶等,都具有一定的使用功能。

(2)美化性作用。美的环境能够使人们在繁忙的工作与学习之余得到充分休息,使心情得到放松。环境设施精巧的设计和点缀,可以让人们体会到"以人为本"设计的匠意所在,使地域文化得以广泛延续与传承。

 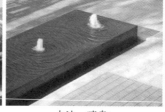 

座椅—铺地　　　　　　　　水池—喷泉　　　　　　　　雕塑—绿地

图 6.32　常见的居住区环境设施

（3）生态性作用。环境设施的质量直接关系到居住区的整体环境,也关系到环境保护以及资源的可持续利用。新标准提出应采用低影响开发的建设方式,采取有效措施促进雨水的自然积存、自然渗透和自然净化,在广场、人行道、各种活动场地以及停车场铺装材料的选择上,应选择透水材料,充分利用雨水花园、下凹式绿地(美丽的卵石做边坡)等,有效改善居住区的环境质量(图 6.33)。

图 6.33　具有较强生态性作用的居住区环境设计

2. 环境设施的规划布局

（1）建筑设施。

休息亭、廊大多结合居住街坊内的集中绿地进行布置,也可以布置在老年人活动场地以及儿童游戏场地内,用以遮阳和休息;书报亭、售货亭等可以结合公共服务中心布置;出入口可以结合围墙做成各种形式,或与过街楼、雨篷及其他设施(如雕塑、喷水池、花台等)组成入口广场(图 6.34)。

（2）装饰性设施。

装饰性设施主要起美化居住区环境的作用,一般重点布置在集中绿地和公共活动中心等人流比较集中的显要地段。装饰性设施除了活泼和丰富居住区景观,还应追求形式美和艺术感染力,也可以将其设计为居住区的主要标志(图 6.35)。

（3）公用设施。

图 6.34　居住区环境设施——建筑设施

图 6.35　居住区环境设施——装饰性设施

公用设施规划和设计在满足使用要求的前提下，其色彩和造型都应精心考虑，包括垃圾箱、照明灯具、标志牌、路牌、路障等，它们与居民的生活密切相关。例如，照明灯具是公共设施中最为常见的一项，根据不同的功能要求分为道路照明灯具、庭院照明灯具以及草坪照明灯具等，这些灯具的造型、高度和规划布置应考虑到实用性与艺术性（图 6.36）。

图 6.36　居住区环境设施——公用设施

（4）铺地和游憩健身设施。

居住区内道路和广场一般用硬质材料进行铺设，铺地应选择经济、透水性好、防滑、色彩丰富和质感较好的材料，通过精心设计，形成具有艺术表现力的硬质铺装。游憩设施主要用于居民开展日常游憩活动，通常与集中绿地、宅旁绿地和小广场等结合布置，常见的游憩设施包括座椅、桌子、游戏器械、健身器材等。健身器材的作用不仅仅局限于让居民保持身体健康，更重要的是让邻里之间多沟通和交流，形成良好的居住区氛围。这些游憩设施除常见形式外,还可以设计成组合式或结合花台、挡墙等其他装饰设施和市政设施来设计(图6.37)。

图 6.37 居住区环境设施——铺地和游憩健身设施

此外,叠山置石是我国传统庭院中的独特景观,也是我国庭院造景中经久不衰的传统手法。置石是山石造景中一种简便易行的方法。零星布置小型石材或仿石材,不加堆叠即称置石。点置时山石呈半埋半露状,可置于土山、水畔、墙角、路边、树下以及花坛等处,以点缀景点,观赏、引导和联系空间(图6.38)。

图 6.38 置石

现代居住区庭院的用地由于局限较大,适宜采用群置和散置,群置是六七块或更多石材成群布置,要求大小、形态各异的石材疏密有致,高低错落,形成生动、自然的石景。散置是将石材或仿石材零星布置,仿若山岩余脉或散落风化的残石,有坐、立、卧姿态,散置时要求若断若续、相互贯联、彼此呼应,让人感觉既不零乱散漫又不过于规整无趣。少量山石的点缀可收到"片山多致、寸石生情"之效。

持续改善人居环境 创造城市美好生活

当前,我国社会主要矛盾已经转化为人民日益增长的美好生活需要和不平衡不充分的发展之间的矛盾。人民对美好生活的向往,应落实于持续改善人居环境品质的行动之中。党的二十大报告中对"人居环境整治"进行了明确强调,这意味着接下来我们将着力消除发展的不平衡不充分,为持续改善人居环境、创造城市美好生活注入不竭动力。

近十年来,我国城市人居环境建设取得了举世瞩目的成就。在宏观层面,构建了区域整体发展的战略格局,例如港珠澳大桥的建成通车,为粤港澳大湾区一带的城镇群发展奠定了重大基础设施条件。在中观层面,促进了城市功能和空间的布局优化,例如北京通州城市副中心、河北雄安新区等规划建设,标志着我国城市环境基础设施建设水平达到新高度。在微观层面,方便了社区居民的日常生活,例如"15 分钟生活圈"导则的制定实施,促进环境基础设施全覆盖,解决了居民出行"最后一公里"难题。四川成都等城市社区规划师融入老旧城区居住地进行改造,北京、上海、广州等城市开展社区微更新,福建莆田将文化保护与改善民生紧密结合等案例,都切实提升了老百姓的获得感。

应当看到,我国城市人居环境建设仍有较大提升空间。随着经济总量跃居世界前列,我国对基础设施和人居环境建设的资金投入不断增加,但由于人口规模巨大、城镇数量众多、区域发展不平衡,要实现"人口规模巨大的现代化"的高质量人居环境建设,任重道远。同时,随着物质生活水平不断提升,居民对人居环境品质的要求日益高标准、多样化,不仅是物质层面需求增加,精神文化需求也在提升。在数字技术普及的今天,环境基础设施和人居环境建设的智能化水平迅猛发展,对智慧城市、智慧社区的建设和运营提出了更高要求。

展望未来,可从下列角度不断提升城市规划设计的水平与效果。

加强区域协调,促进城乡统筹。通过编制各层级国土空间规划,优化布局区域性重大环境基础设施,全面提升区域性基础设施建设水平,逐步消除区域发展的不平衡不充分问题,为城乡要素双向平等流动奠定格局。

倡导社区参与,实现共治共享。通过推广城市社区规划师制度,在旧城更新改造过程中注重营造公众参与社区规划的良好氛围,践行"人民城市人民建,人民城市为人民"的理念,让百姓生活中的急难愁盼问题得以精准解决,最终实现人居环境建设的共治共享。

重视赓续文脉,倡导人文关怀。人居环境既有物质性内容,又有非物质性内容。除了要持续改善人居环境的物质条件,还应不断提升人居环境的社会功能和文化内涵,体现对各类人群,尤其是老少人群的人文关怀。我国不少城市都有历史传统街区,由于种种原因,很多传统街区的环境基础设施和人居环境条件亟待改善。此时,尤其要重视保护城市历史文化遗产。既要在保护历史街区的基础上改善人居环境、保障民生,又要在保障民生的目标下保护历史街区,让城市人居环境的历史性和现代性共存共生。

总之,提升环境基础设施建设水平,推进城乡人居环境整治,满足人民日益增长的美好生活需要,是"人民城市"建设的出发点和落脚点。今后,应当通过高质量实施基础设施和人居环境建设,为创造城市美好生活提供更加坚实的保障。(摘自:《光明日报》,2022 年 12 月 21 日 07 版)

复习思考题

1. 我国居住区绿化环境空间的整体发展有哪些特点?
2. 居住区绿地应包括哪些类别?
3. 居住区绿地的功能有哪些?
4. 如何对居住街坊内的绿地和集中绿地进行计算?
5. 居住区公共空间的布局应满足哪些规定?
6. 简述居住区绿地景观规划的具体要求。
7. 居住区集中绿地的布置有哪几种方式?其特点分别是什么?如何进行居住街坊内集中绿地的规划设计?
8. 居住街坊环境设施包含哪些类型?在规划布局中需要注意什么?

第7章　居住区竖向设计

居住区竖向设计,既关注居住区居民内部交流与生活安全,同时也为居民生产、生活提供便捷。竖向设计满足了居住区道路与城市道路的有效、合理衔接及内部交通安全组织,同时涉及地面排水、建筑布局、城市景观等综合技术要求。

7.1　居住区竖向设计的任务与要求

居住区竖向设计为了满足住区道路交通、地面排水、建筑布置和城市景观等方面的综合要求,需要对居住区自然地形进行利用与改造,确定坡度、控制高程和平衡土石方等,主要包括道路竖向设计与场地竖向设计。

7.1.1　居住区竖向设计的任务

竖向设计(或称垂直设计、竖向布置)是居住区建设实施的依据,主要是利用和改造建设用地的原有地形,并形成一个整体稳定的新地形,对居住区的建筑施工、消防及排水安全等都有非常重要的影响。竖向设计是对基地的自然地形及建筑物、构筑物等进行垂直方向的高程(标高)设计,既要满足使用要求,又要满足经济、安全和景观等方面的要求。

竖向设计的任务主要包括:

(1)场地分析与设计,包括分析规划用地的地形、坡度、地质条件等,为规划建设提供参考;

(2)选择场地的竖向布置形式,进行场地竖向设计;

(3)确定建筑区室内外地坪标高,构筑物关键部位的标高(如地下建筑的顶板等),广场和活动场地的设计标高,场地内道路标高和坡度等;

(4)根据建筑布局及工程建设要求进行道路交通规划与基地内部道路系统组织;

(5)组织地面排水系统,保证地面排水通畅、不积水;

(6)安排场地上的土方工程,计算土石方填、挖方量,使土石方总量最小,填、挖方量接近平衡,未平衡时选取挖土或弃土地点;

(7)进行有关工程构筑物(如挡土墙、边坡等)与排水构筑物(如排水沟、排洪沟、截洪沟等)的具体设计。

7.1.2　居住区竖向设计的基本要求

竖向设计属于工程施工指导设计,对工程安全与实施具有非常重要的影响,必须要按照实际工程需求,同时结合行业规范进行。

(1)要按照建筑物、构筑物的使用功能要求,合理安排其位置,使建筑物、构筑物之间的交通联系方便、简洁、通畅,并满足消防与排水要求,符合景观环境及生态要求。

(2)充分利用自然地形,对地形的改造要因地制宜,因势利导。改造地形时,应考虑建筑物的布置与空间效果,并减少土石方工程量和各种工程构筑物的工程量,力求填、挖方量的平衡。在不能完全平衡的基础上,要追求运距最短,从而降低工程造价。设计时应采取措施,避免造成水土流失,尽可能保护场地原有的生态环境和地貌条件,体现不同场地的个性与特色。

(3)满足各项技术规范、工程施工要求等,保证工程建设与使用期间的稳定性与安全性。

(4)解决场地排水问题。建设场地应有完整、有效的雨水排水系统。重力自流管线应尽量满足自然排放要求,保证场地雨水能顺利排出,并且与周边现有的或规划的道路排水设施有效衔接(标高相同)。当进行坡地场地、滨水场地设计时,应特别考虑防洪、排水问题,保证场地不被洪水淹没。

(5)满足工程建设与使用的地址、水文等要求。竖向设计要以安全为原则,充分考虑地形、地质和水文的影响,避免不良地质构造的不利影响,采取适当的防治措施。对挖方地段应防止产生滑坡、塌方和地下水位上升等恶化工程地质的后果。

7.1.3 居住区竖向设计表现方法

常见的竖向设计表现方法有高程箭头法、纵横断面法、设计等高线法等。通常,居住区竖向设计中较多采用高程箭头法,遇到地形复杂的山地时,可以辅助纵横断面法进行场地分析与规划;设计等高线法常常用在场地平整、土石方调配以及场地(如广场、停车场等)设计中。

1. 高程箭头法

高程箭头法利用高程标识规划区内场地与建筑的竖向关系,用箭头标识场地的排水方向。在地形比较简单的居住区项目中,高程箭头法是最常用的竖向设计表现方法(图7.1)。

高程箭头法的图纸中需要标注以下内容。

(1)所有建筑的定位。一般标注建筑物长边的两个角点坐标,或者一个角点坐标加上其方位角,为了简化图纸,也可以结合道路的竖向标记与建筑之间的距离标注来进行表达。主要目的是方便施工放线。

(2)道路控制点(包括道路转折点、交叉点)的坐标及标高、道路的坡度与坡长、道路转折处的中线半径以及交叉口的内弧半径等。

(3)道路横断面各边缘线及其宽度标注,包括车行道、人行道、绿化等,道路横坡也应有标注。

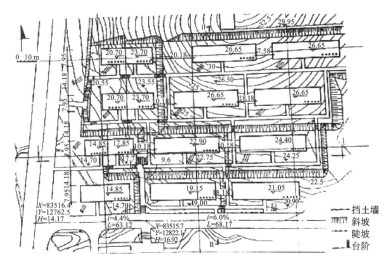

图 7.1　高程箭头法表现竖向设计

（4）建筑及场地标高。标注建筑及场地的正负零标高,可结合建筑出入口、相邻道路及场地等综合情况进行,综合考虑排水、地质条件、出行引导等。

（5）居住区其他工程设施或配套设施建筑的定位及标注,包括居住区内的护坡、挡土墙、台阶、设施工程等的坐标、规格等标注。

（6）场地内排水系统的规划设计。标明道路、广场及自然坡地的排水方向,一般情况下,居住区的雨水沿道路进行汇集,自然绿地具有一定的容纳雨水的能力,应综合考虑当地的降水量、建筑屋顶绿化或高层填土绿地的需要进行地下雨水系统设计。场地中的雨水应向就近的道路汇集,结合道路横坡设计流向道路两侧。根据当地降雨情况、雨水系统收集雨水的能力和纵坡坡度设置相应的雨水汇集口,将雨水引入排水系统中。

高程箭头法标识的竖向设计内容较多,数据分散,对于一些地形改造较多、用地面积较大的区域不便于数据查询和放线。因此,实际工程设计中常常根据基地的现状采用不同的竖向设计表现方法。

2. 设计等高线法

设计等高线法多用于地形改造较多或起伏不大的丘陵地区。设计等高线能更加形象、完整地表现用地内自然地形的特征及改造的部分,同时反映填挖方的具体情况。规划设计时须确定居住区四周的红线标高及内部车行道、建筑四角的设计标高。

7.2　居住区竖向设计的资料

7.2.1　基础资料的准备

居住区竖向设计需要较为详细的场地背景资料,对设计场地的数据进行分析和提炼,从有效数据出发,整理出规划设计所需的设计条件,从而进行更深入的设计。一般情况下,从接受任务开始,甲方会提供一部分规划部门或土地主管部门出示的场地现状资料;还有一部分资料需要规划设计者进行现场调研或联系其他相关部门获取。

7.2.2 基础资料的内容

通常,基础资料包括以下内容。

(1)现状地形图:1:500 或 1:1000 的建设场地现状地形图。在考虑场地防洪时,为统计径流和汇水面积,需要 1:2000～1:10000 的地形图。

(2)总平面布置图及道路布置图:必须有表达准确的场地内建筑物、构筑物的总平面布置图及道路布置图;当有单独的场地道路时,该道路的平面图、横断面图以及纵断面图等设计图纸也需要找齐。

(3)地质条件和水文条件资料:了解建设场地的土壤与岩石层分布、地质构造和标高等;不良地质现象的位置、范围,对场地的影响程度;场地所在地区的暴雨强度、场地所在地区的洪水水位以及防洪排涝状况、洪水通常淹没范围等。

7.2.3 其他要注意的问题

竖向设计是场地总体布局的一个重要组成部分,关系到场地的安全、稳定,也直接影响到场所的空间组成。竖向设计一般是在总体布局完成之后进行的。无论是平坦场地还是坡地场地,都要让建筑与地形密切配合,以便创造出优秀的场地规划布局和建筑设计。在坡地场地设计中,因地形、地质较复杂,支挡构筑物和排水构筑物较多,竖向设计不仅难度较大,而且关系到方案的可行性与场地开拓的经济性。所以,竖向设计的重要性就显得更为突出。

7.3 居住区竖向设计流程

居住区竖向设计需要根据场地空间的实际使用条件进行相应调整,一般步骤如下。(参考网络视频"场地竖向设计案例分析",网址为 https://www.bilibili.com/video/BV1YR4y1W7gH/? spm_id_from=autoNext。)

(1)确定道路及室外设施的竖向设计。道路及室外设施(如室外活动场地、广场、停车场、绿地等)的竖向设计,应按照地形、排水以及交通的要求,确定出主要控制点(交叉点、转折点、变坡点等)的设计标高,同时注意与周边道路的衔接。根据技术规定和规范要求,确定道路合理的坡长与坡度。

(2)确定建筑物的室内外设计标高。根据地形的竖向处理方案和建筑的使用、经济、排水、防洪、美观等要求,合理考虑建筑、道路及室外场地之间的高差关系,并具体确定建筑物的室内地坪标高与室外设计标高。

(3) 确定场地排水(雨水排放)。根据建筑群布置及场地内排水组织的要求,确定排水方向,划分排水分区,定出地面排水的组织计划,注意场地的雨水不得向周围场地排泄,控制好雨水排泄路径。处理设计地面与散水、道路、排水沟等的高程控制点的关系;对场地内的排水沟进行结构选型等。

如图 7.2 所示为某居住区⑦~⑩号住宅建筑群布置,建筑物(住宅)的室内外高差均采用 0.6 m,室外踏步高度选取 0.15 m。道路的最大纵坡为 6%,平曲线不设加宽和超高,等高距为 1.0 m,采用设计等高线法表达竖向设计的内容。

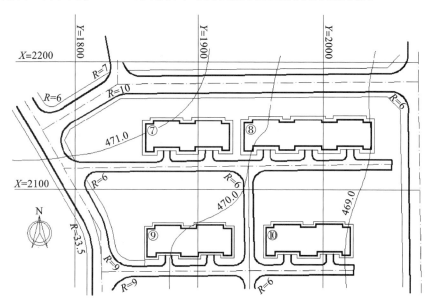

图 7.2　某居住区⑦~⑩号住宅建筑群

竖向设计过程如下。

(1) 首先计算建筑物室内地坪标高和室外设计标高。该基地的地形平坦,无须进行场地平整。根据等高线线性内插出建筑物散水坡脚处的自然地面标高,即为室外设计标高,并在图纸上相应位置进行标注。因为建筑基本上垂直于等高线布置,因此,建筑的山墙两端会出现一定的高差,可根据室外设计标高中最高的标高点来计算室内地坪标高,即:建筑物室内地坪标高=室外设计标高(最高点)+建筑物室内外高差=室外设计标高(最高点)+0.6 m。将求出的数值标注在图纸相应位置。

如⑦号楼的室外设计标高分别为 470.85 m、471.15 m、471.25 m 和 471.40 m,其最高点设计标高为 471.40 m。那么,室内地坪标高=471.40 m +0.60 m =472.00 m;同理,⑧号楼为 472.65 m,⑨号楼为 472.30 m,⑩号楼为 472.70 m,在平面图相应位置标注出来(图 7.3)。不同建筑的室内外地坪最小高差参考表 7.1。

(2) 确定道路竖向设计。用 JD1、JD2、JD3 等形式,将道路各控制点(如交叉点、转弯点、衔接点等)逐一编号。

表 7.1　建筑物室内外地坪最小高差

建筑类型	最小高差值/m
宿舍、住宅	0.15～0.75
办公楼	0.50～0.60
学校、医院	0.30～1.00
重载仓库	0.15～0.30

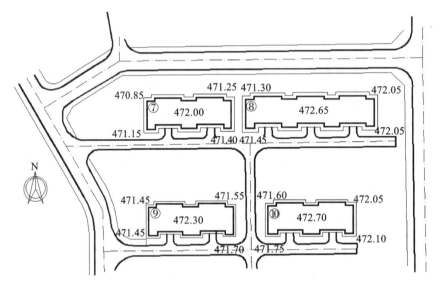

图 7.3　确定室外设计标高、室内地坪标高

　　道路的竖向设计内容包括：确定各控制点中心线处的设计标高，确定每段道路的坡度和坡向。

　　因为场地道路往往与建筑物毗邻，当确定了建筑物室外设计标高后，可由此来推算出道路中心线的标高 h。

　　h＝室外设计标高－0.30 m（道路中心线一般比建筑物室外地坪标高要低 0.25～0.30 m）

　　h_{JD13}＝472.05 m－0.30 m＝471.75 m，h_{JD12}＝471.45 m－0.30 m＝471.15 m

　　同理，可推算出所有点的标高。然后，根据平面图中标注的每一段道路的长度（即坡长），计算出坡度 i，再根据相邻标高值判断出坡向，用箭头表示。最后将坡长 l、坡度 i 和坡向箭头标注在道路中心线上适当的位置即可（图 7.4）。

　　由地形自然标高确定的道路坡度 i，要根据道路设计标准进行检验。

　　当 $i_{min}(0.3\%)\leqslant i\leqslant i_{max}(6\%)$ 时，道路坡度不变，如 JD5～JD16、JD8～JD10 和 JD12～JD15；否则，要根据 i_{min} 或 i_{max} 来确定道路坡度，不用再考虑地形实际的坡度大小，如 JD10～JD11。在场地内部，也可以将局部一段道路设计成平坡，如 JD2～JD8，

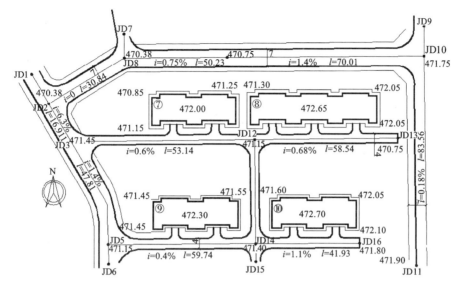

图 7.4　确定道路竖向设计标高

JD7～JD8。附属道路最大纵坡及坡长控制指标见表 7.2。

表 7.2　附属道路最大纵坡及坡长控制指标

道路类别及其控制内容		一般地区	多雪严寒地区
机动车道	纵坡/(%)	≤8.0	≤6.0
	坡长/m	≤200	≤350
非机动车道	纵坡/(%)	≤3.0	≤2.0
	坡长/m	≤200	≤100
步行道	纵坡/(%)	≤8.0	≤4.0
	坡长/m	—	—

　　另外,要根据道路宽度确定道路横断面的形式,一般宽度小于 4.5 m 的道路可采用单坡,否则采用双坡。本案例中,宽度为 10 m 和 7 m 的道路采用双坡,而宽度为 4 m 的道路采用单坡。将每一段道路的横断面形式分别标注在图中的适当位置。

　　(3)确定地面排水方向。由于道路标高低于建筑物附近的地面标高,所以,可以将地面的雨水直接排向道路。每一块场地都要进行具体分析,地形的变化趋势决定了排水方向。根据道路标高确定排水方向即可(图 7.5)。

　　(4)划分交叉口范围。本案例包括 7 个交叉口,找出各交叉口路缘石曲线的切点,画出与道路中心线垂直的辅助线,两个相邻的辅助线所包括的范围,即为交叉口的范围。

　　(5)确定交叉口雨水分布。根据交叉口相邻道路的坡向状态(即相对、相向或分离)和道路横断面形式(即单坡、双坡)来判断是否有积水点,以此确定交叉口雨水口

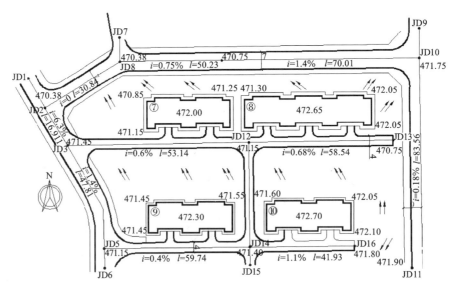

图 7.5 确定地面排水方向

的数量和位置。

（6）确定直线段的雨水口分布。本地块的直线段有 13 段(参照图 7.4)，先对道路按顺序编号，再参考表 7.3 确定雨水口间距。结合道路全长分析，确定雨水口的数量及大致分布。超过 50 m 的路段可在中间位置设置 1 个雨水口；当路段较短时，可不设雨水口。若直线路段很长，可根据当地降雨量及气候条件分别布置多个雨水口。最后，用 y1、y2、y3 等对雨水口进行编号。

表 7.3 道路纵坡与雨水口间距表

道路纵坡/(%)	≤0.3	0.3~0.4	0.4~0.5	0.5~0.6	0.6~2.0
雨水口间距/m	20~30	30~40	40~50	50~60	60~70

7.4 居住区竖向设计的技术方法及内容

7.4.1 平坦场地的竖向设计

设计地面是自然地面进行适当平整后，使其形成的满足使用要求和建筑布置的平整地面。平坦场地设计地面的竖向设计形式通常为平坡式。建筑物可垂直于等高线布置在坡度小于 10% 的坡地上，或平行于等高线布置在坡度为 12%~20% 的坡地上。设计时应尽量使各个整平面之间以平缓的坡度连接，无显著高差变化(图 7.6)。(参考网络视频"场地竖向设计"，网址为 https://www.bilibili.com/video/BV1L34y167zb/。)

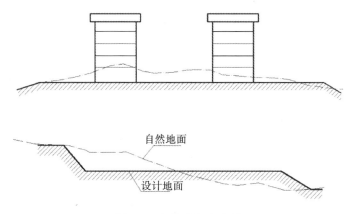

图 7.6　平坡式竖向布置

1. 地面处理的形式

设计地面的形式由地形的变化趋势及坡度值确定。如果自然地形是单向斜坡，地形坡度值比较接近，可以设计一个设计地面；如果地形有起伏变化，可设计成双坡或多坡。一般设计地面应与地形的排水方向一致，这样可以节约土方量，利于场地排水。同一个地形可以设计成单坡、双坡或多坡（图 7.7），因此而形成的竖向布置也有所不同。

图 7.7　设计地面的形式

2. 场地平整前的准备工作

场地平整前的准备工作包括以下内容。

（1）确定地形的竖向处理方案。根据场地内建筑物、构筑物布置，排水及交通组织的要求，具体考虑地形的竖向处理，并明确表达出设计地面的情况。设计地面应尽可能接近自然地面，以减少土方量；其坡向要求能迅速排出地面雨水；选择设计地面与自然地面的衔接形式，保证场地内外地面衔接处的安全和稳定。在山谷地段进行开发建设时，如果设置了排水洪沟，应进行相应的平面布置、竖向布置和结构设计。

（2）针对具体的竖向处理方式，计算土方量。若土方量太大或填、挖方量不平衡，同时购土或弃土困难，或超过技术经济要求，则可调整设计地面标高，使土方量接近平衡。

（3）进行支挡构筑物的竖向设计。支挡构筑物包括边坡、挡土墙和台阶等，应进行平面布置和竖向设计。为防止坡面形成的"山洪"对建筑物冲刷，应进行截洪沟设计，确保场地的稳定和安全。

3. 设计地面的坡度

为使建筑物、构筑物周围的雨水能顺利排出，又不至于冲刷地面，设计地面的坡度可以根据当地雨水强度、场地地面构造形式和采用的地面材料而定。对降雨量大的地区,设计地面的坡度要稍大些,以便雨水尽快排出。一般建设场地坡度为0.5%,最小坡度为0.3%,最大坡度为6%。尽量让各种场地的设计标高适合雨水、污水的排水组织和使用要求,避免出现凹地,造成雨水积聚。

4. 设计地面的标高

设计地面的标高是指经过场地平整形成的设计地面的控制性高程。在滨水场地、坡地场地和地质条件复杂时,或需要围海造地时,场地设计标高往往决定了工程造价,设计上要慎重对待。当有控制性详细规划时,设计地面的标高应采用其竖向规划标高;否则,应当在方案设计时综合分析下列因素,推算出设计地面的标高。

(1)防洪、排涝。

进行滨水场地设计时,应保证场地不被洪水淹没,不能经常有积水,雨水能顺利排出。因此,设计地面的标高应高出设计洪水位及涌浪高0.5 m以上;否则应有有效的防洪措施。设计洪水位则根据建设项目的规模、使用年限来确定(图7.8)。

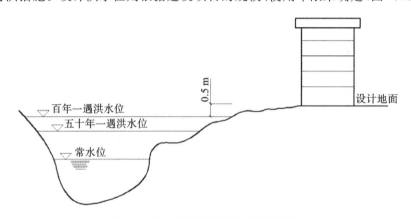

图7.8 滨水场地设计地面的标高要求

(2)土方工程量。

在地形起伏不大的地方,可以根据设计范围内的自然地面标高的平均值初步确定设计地面的标高;在地形起伏较大的地方,应充分利用地形,适当加大设计地面的坡度,反复调整设计地面标高,使设计地面尽可能地接近自然地面,两者形成的高差较小,才能减少土石方工程量以及支挡构筑物和建筑基础的工程量。综合场地地形起伏情况,尽可能做到填挖方平衡。

(3)城市下水管道接入点标高。

对于面积较大的平坦场地,因为地势平坦,重力自流管线又有纵坡,如果场地雨水和污水排水口的标高低于城市下水管道接入点的标高,场地的雨水和污水就不能顺利排放。这时,城市下水管道的接入点标高就成为制约设计地面标高的一个重要因素。设计地面标高的确定应使建筑物、构筑物和工程管线有适宜的埋设深度(防冰冻和机械损伤)。

（4）地下水位高低。

地下水位较高的地段不宜挖方，以减少地下水位造成的防水施工费用；地下水位较低的地段，可考虑适当挖方，以获得较高的地基承载力，减少基础埋深。

（5）环境景观要求。

在场地平整中，应根据环境景观的不同要求采取不同措施。如文物保护项目中，若有文物地理位置及标高较高者，应以文物为主决定标高，而将次要的、新建的项目置于低处或隐蔽处。在风景名胜区中，场地标高则以烘托风景名胜为出发点，并按此要求确定有关标高。对于场地内有古树、古迹的，则以保护为原则，尽量保持其原貌。填挖方时要参考表 7.4 所示的允许值。

表 7.4　挖方土质边坡坡度允许值

土的类别	密实度或状态	坡度允许值（高宽比）	
		坡高在 5 m 以内	坡高 5～10 m
碎石土	密实	1∶0.35～1∶0.50	1∶0.5～1∶0.75
	中密	1∶0.50～1∶0.75	1∶0.75～1∶1.00
	稍密	1∶0.75～1∶1.00	1∶1.25～1∶1.50
粉土	饱和度≤0.5%	1∶1.00～1∶1.25	1∶1.25～1∶1.50
黏性土	坚硬	1∶0.75～1∶1.00	1∶1.00～1∶1.25
	硬塑	1∶1.00～1∶1.25	1∶1.25～1∶1.50
黄土	老黄土	1∶0.3～1∶0.75	
	新黄土	1∶0.75～1∶1.25	

5. 设计地面与自然地面的连接

将自然地面整平为设计地面后，其周围与自然地形衔接处就会出现一定的高差，为保持土体或岩石的稳定，就要处理好设计地面与自然地面的连接，常用的处理方法是设置边坡或挡土墙。

（1）边坡。

斜坡面必须具有稳定的边坡坡度，一般用高宽比来表示（图 7.9）。其数值根据地质勘查报告推荐值来选用，或参照表 7.5、表 7.6 确定。边坡坡度的大小决定了边坡的占地宽度和切坡的工程量。

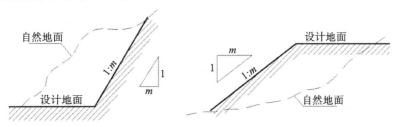

图 7.9　边坡坡度

表 7.5　挖方边坡坡度容许值

岩石的类别	风化程度	坡高允许值（高宽比）	
		坡高在 8 m 以内	坡高 8～15 m
硬质岩石	微风化	1 : 0.10～1 : 0.20	1 : 0.20～1 : 0.35
	中等风化	1 : 0.20～1 : 0.35	1 : 0.35～1 : 0.50
	强风化	1 : 0.35～1 : 0.50	1 : 0.50～1 : 0.75
软质岩石	微风化	1 : 0.35～1 : 0.50	1 : 0.50～1 : 0.75
	中等风化	1 : 0.50～1 : 0.75	1 : 0.75～1 : 1.00
	强风化	1 : 0.75～1 : 1.00	1 : 1.00～1 : 1.25

表 7.6　填方边坡坡度允许值

填料类别	边坡最大高度/m			边坡坡度（高宽比）		
	全部高度	上部高度	下部高度	全部坡度	上部坡度	下部坡度
黏性土	20	8	12	—	1 : 1.5	1 : 1.75
砾石土、粗砂、中砂	12	—	—	1 : 1.5	—	—
碎石土、卵石土	20	12	8	—	1 : 1.5	1 : 1.75
不易风化的石块	8	—	—	1 : 1.3	—	—
	20	—	—	1 : 1.5	—	—

（2）挡土墙。

当切坡后的陡坎处于不良地质处或用地受限地段，又或其易受水流冲刷而坍塌，或有可能滑坡，且采用一般铺砌护坡不能满足防护要求时，宜设置挡土墙。挡土墙可分为重力式、衡重式、半重力式、悬臂式、扶壁式、柱板式、锚固式（锚杆式、锚定板式、桩板式）、垛式、加筋土等形式，本书不再赘述。

6. 建筑物与边坡挡土墙的距离要求

设计地面至少要能满足建设项目的使用和所有设施的布置，在采用边坡或挡土墙时还要保证边坡或挡土墙与建筑物的结构安全距离。因为建筑物与边坡或挡土墙的位置关系不同，处理方式与要求也不一样，一般有以下两种类型。

（1）建筑物、构筑物位于边坡或挡土墙顶部地面。此类型的场地边坡或挡土墙除应满足建筑物、构筑物及附属设施、道路、管线和绿化等所需要用地的要求，还应考虑施工和安装的需要，重点是防止基础侧压力对边坡的影响。位于稳定边坡坡顶上的建筑物、构筑物，其基础与边坡坡顶的关系如图 7.10 所示。

建筑物基础侧压力对边坡或挡土墙的影响距离 L 可按式(7-1)计算：

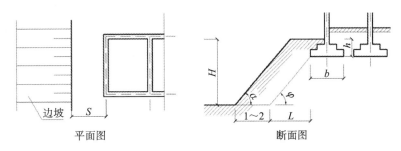

图 7.10　基础与边坡坡顶的关系示意（单位：m）

$$L=(H-h)\tan\varphi \tag{7-1}$$

式中：H —台阶高度；

　　　h —基础埋深；

　　　φ —土壤内摩擦角。

当建筑物基础宽度小于 3 m 时，其基础地面外边缘至坡顶的水平距离 S 可按照式（7-2）和式（7-3）计算，S 不得小于 2.5 m。

条形基础：　　　　　　　　$S\geqslant 3.5b\sim h/\tan\alpha \tag{7-2}$

矩形基础：　　　　　　　　$S\geqslant 2.5b\sim h/\tan\alpha \tag{7-3}$

式中：b —基础底面宽度；

　　　h —基础埋置深度；

　　　α —边坡倾斜角。

当边坡倾斜角大于 45°，高度大于 8 m 时，须进行坡体稳定性验算。

（2）建筑物、构筑物位于边坡或挡土墙底部地面。建筑物、构筑物位置一般要离开边坡或挡土墙底部一定距离。这一距离除满足建筑物及其附属设施、道路、管线和绿化等的施工和安装需求，防止基础侧压力对边坡的影响要求外，还需要满足采光、通风、排水及开挖基槽对边坡或挡土墙的稳定性要求（图 7.11）。

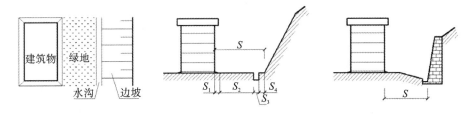

图 7.11　建筑物与边坡的关系

若建筑物的基础设在原土层上，且边坡是稳定的，则建筑物外墙距离边坡顶的距离 S 大于散水坡宽度 S_1 即可。设置挡土墙有利于维持地形坡面结构的稳定，可以大大缩小建筑物与地形坡顶或坡脚的距离，建筑的间距也可以适当减小。当场地高差小于等于 2 m，建筑物设在挡土墙上时，间距无要求。挡土墙可作为基础使用，这样有利于土地的使用，但挡土墙临空一侧应设安全防护设施（图 7.12）。

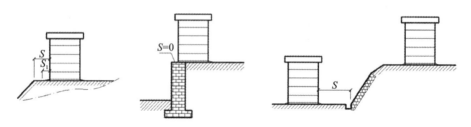

图 7.12 建筑物与挡土墙的关系

7.4.2 坡地场地的竖向设计

坡地场地的自然地形，无论是用来建设单体建筑还是群体建筑，通常都需要做出调整和改变，以满足建筑的使用。居住区建筑多为建筑群，其功能分区、路网、设施位置及总平面布置形式等，除应满足规划设计要求的平面布局关系外，还受地形条件的制约，因此，在考虑总体布局时，必须兼顾竖向设计的技术要求。

坡地场地在规划设计的程序上，也与平坦场地有所不同。首先，必须进行道路的规划设计，然后开始建筑布局，最后进行竖向设计，根据竖向设计情况调整总体布局方案，从而完成整体设计。在设计的过程中还需要反复协调，使规划既经济合理，又符合竖向设计的技术要求。

1. 设计地面

坡地场地的设计地面由几个高差较大、标高不同的设计地面连接而成，在连接处设置支挡构筑物，这种竖向设计通常称为台地式。采用台地式竖向设计后，土石方工程量可以相应地减少，但台地之间的交通和管线敷设将受到限制。

2. 台地高度设计

相邻设计地面之间的高差称为台地高度，其主要取决于场地自然地形横向坡度和相邻设计地面各自的宽度形成的高差。台地高度可大可小，一般情况下，台地高度不宜小于 1 m。在地形坡度较大的地段，台地宽度较大或受到自然地形限制时，台地高度可以稍大。居住区规划时，还可以根据住宅楼的层高来确定台地高度，以便设置住宅两侧的出入口或车库出入口（图 7.13）。

3. 设计地面之间、设计地面与自然地形之间的连接

设计地面之间、设计地面与自然地形之间的连接处理方式，直接关系到场地的稳定和安全，同时还占用一定面积的土地，所以总体布局时应予以充分的考虑。

（1）边坡。

坡地场地边坡的设计要求与平坦场地的要求相同，但坡地场地的高差大，对于稳定的石质边坡，可采用护墙，确保其稳定。

（2）挡土墙。

坡地场地中的挡土墙需要一定的高度，数量较多。当场地有显著高差存在时，对于建筑物之间、建筑物与相邻填方、挖方边坡之间以及建筑物与道路之间要保留足够

图 7.13　利用较大的台地高差形成地下车库空间

的间距布置边坡挡土墙。

（3）边坡与挡土墙结合。

这种形式是下部作挡土墙，上部作坡，既保证边坡的稳定，又可以减少挡土墙的高度，从而降低挡土墙的投资，是坡地场地设计中常采用的措施。

4．交通联系

交通联系是竖向设计中建设场地与周围环境有机联系的另一个方面。场地内外或设计地面之间常用的交通联系方法有踏步和坡道两种。

（1）踏步。

踏步是室外不同高程地面步行联系的主要设施，对于场地环境的美化和引导起着重要作用。踏步与坡道结合布置，有利于形成活泼、生动、富有情趣的场景。

步行交通系统的形式比较自由，除了满足交通功能，还是组织游览和户外活动空间的场所，可以与公共活动空间、休憩场地、主要景点进行衔接，路线灵活自由。

踏步的高度不宜超过 15 cm，宽度以 30 cm 左右为宜。连续踏步的台阶最好不要超过 18 级，超过 18 级的台阶可在中间设计休息平台。

（2）坡道。

为了方便手推车和自行车在台地间的上下推行，常在踏步的一侧或两侧布置小坡道。小坡道的纵向坡度不应超过 8%，踏步和坡道的材料与构造需要考虑防滑要求。为了在台地之间通行汽车，则需要在台地侧边或某处设置汽车坡道，汽车坡道宽度要满足车辆通行要求。

5．灵活设置建筑出入口

利用地形的高低变化和道路布置情况，可在不同的台地高度上设置建筑出入口，形成灵活多变的建筑疏散空间，同时又提供建筑外形的多样变化，如双侧分层进入、单侧分层进入、利用室外楼梯或踏步进入、天梯进入等（图 7.14）。

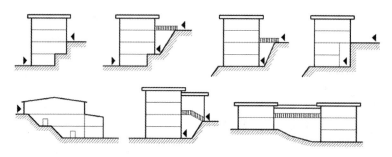

图7.14 根据台地灵活设置建筑入口

7.5 住宅建筑结合地形布置的方法

有时候,在住区场地中进行建筑单体布置时,并不需要完全把地形变成平整面,而是采用改变建筑物内部结构的方法,使建筑物适应地形的变化。传统的民居建筑在解决建筑物与地形的竖向关系时,综合运用了这些方法,取得了很好的效果。

1. 提高勒脚

在山体坡度较缓,但局部高差变化多、地面崎岖不平的山地环境中,建筑物四周勒脚高度应按照建筑标高较高处的勒脚要求,调整到同一标高,而建筑内部也形成同一标高或成台阶状(建筑垂直于等高线时)。这是一种使建筑基底简洁、有效的处理方法,适用于缓坡、中坡,宜垂直于等高线布置在坡度小于8%的坡地上,或平行于等高线布置在坡度为10%~15%的坡地上。

通常,勒脚高度随地形坡度和房屋进深的大小而改变,当基地坡度较大时,还可以将勒脚做成台阶。

2. 跌落

当建筑物垂直于等高线时,以建筑的单元或开间为单位,顺坡势沿垂直方向跌落,处理成分段的台阶式布置形状,有利于节约土方量工程。其内部布置不受影响,布置方式比较自由,住宅采用较多(图7.15)。

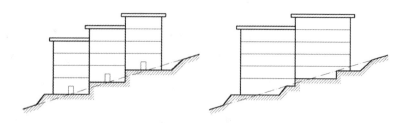

图7.15 跌落处理

3. 错层

在地形较陡的山地环境中,为了避免产生较多的土石方工程量,往往将建筑内部相同楼层设计成不同的标高,使建筑的适应性更好,可将建筑垂直于等高线布置在坡度为 12%～18% 的坡地上,或平行于等高线布置在坡度为 15%～25% 的坡地上。错层适应了地形的倾斜,使建筑与地形的关系更加紧密。

错层主要依靠楼梯的设置和组织实现。对于单元式住宅来说,可以通过双跑楼梯的平台分别组织住户单元的入口,也可以根据地形坡度的大小,采用三跑、四跑或不等跑楼梯,形成多种单元内错跌。

4. 掉层

在山地地形中,因高差悬殊,可将建筑物的基底做成台阶状,使台阶高差等于一层或数层层高,形成掉层。掉层一般适用于中坡、陡坡坡地,可将建筑垂直于等高线布置在坡度为 20%～25% 的坡地上,或平行于等高线布置在坡度为 45%～65% 的坡地上。沿等高线分层组织时,两条不同高差的道路之间的建筑可采用掉层处理。

当建筑物垂直于等高线布置时,出现的掉层为纵向。纵向掉层的建筑跨越等高线较多时,其底部可以阶梯形式顺坡掉落,这种情况适合处于面东或面西山坡上的建筑,掉层部分的采光、通风状况均较好,而当山坡面南或面北时,纵向掉层会让大量房间处在东西向,影响采光和通风。横向掉层的建筑多沿等高线布置,其掉层部分只有一面可以开窗,通风不好;局部掉层的建筑在平面布置和使用上比较特殊,一般只在地形复杂的地方使用。

5. 错叠

当建筑物垂直于等高线布置时,结合现场的地质条件,可以顺坡势逐层或隔层沿水平方向做一定距离的错动和重叠,形成阶梯状布置,错叠适用于陡坡、急坡坡地,可将建筑垂直于等高线布置在坡度为 50%～80% 的坡地上。错动的水平距离多选择 1～2 开间。

错叠与跌落相似,也是由建筑单元组合而成,通常建在单坡基地上,主要特征是单元或建筑沿山坡重叠建造,下单元的屋顶是上单元的平台,其外形是规则式的踏步状。错叠的优点是与山形结合密切,与跌落不同的是,前者单元之间是横向联系,而后者单元之间是上下错叠联系,丰富了立面空间。这种形式较适合住宅、旅馆等,可通过对单元进深和阳台大小的调节,来适应不同坡度的山坡地形。其最大缺陷是临山体一侧通风、采光受限,所以建筑进深不能太大。

在设计错叠式建筑时还应注意视线干扰问题。因为这类建筑的下层平台正处于上层平台的视线下,难以保证私密性。为了防止视线干扰,通常将上层平台的栏杆做成具有一定宽度的花台形式,用于阻隔视线。

错层、掉层、错叠处理如图 7.16 所示。

为了充分利用用地面积,适应地形的复杂变化,节约基础工程量,还可以通过悬挑、架空与吊脚楼、附岩等形式在有限的基底面积上扩展建设,但这需要与建筑的特殊结构设计相结合。

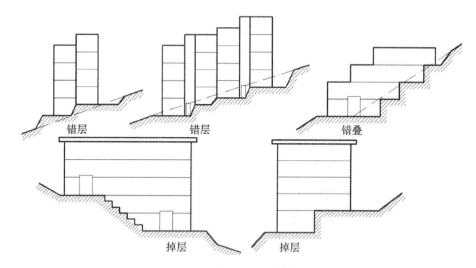

图 7.16 错层、掉层、错叠处理

全心全意为人民服务

在庆祝中国共产党成立 100 周年大会上,习近平总书记强调:"江山就是人民、人民就是江山,打江山、守江山,守的是人民的心。"为人民而生,因人民而兴,始终同人民在一起,为人民利益而奋斗,是我们党立党兴党强党的根本出发点和落脚点。《中国共产党的历史使命与行动价值》,从"把人民放在心中最高位置""依靠人民不断取得胜利""实现人民当家作主""让人民过上好日子"4 个方面深入阐明我们党坚持全心全意为人民服务的行动价值,深刻揭示了 100 年来我们党的发展逻辑和胜利密码,生动彰显了一个马克思主义政党坚定的人民立场、一个百年大党深厚的人民情怀。

中国的城市是人民的城市,人民的城市为人民。城市公共空间规划建设直接反映着城市治理的现代化水平。2019 年 11 月,习近平总书记在上海考察杨浦滨江公共空间建设时指出,无论是城市规划还是城市建设,无论是新城区建设还是老城区改造,都要合理安排生产、生活、生态空间,努力扩大公共空间,走内涵式、集约型、绿色化的高质量发展路子,创造宜业、宜居、宜乐、宜游的良好环境。

党的十八届五中全会和中央城市工作会议决定了以"创新、协调、绿色、开放、共享"作为城市规划发展的五大理念。2014 年,上海市正式启动了新一轮城市总体规划(即"上海 2040"),并明确提出营造"15 分钟社区生活圈"。2016 年 8 月,上海市规土局发布了《上海市 15 分钟社区生活圈规划导则》

2019 年底,中国社科院发布的 2020 年《社会蓝皮书》指出:2019 年我国城镇化水平首次超过 60%。城市已经成为承载人类生活的主要场所。中国城市发展从"增量"时代逐步过渡到"存量"时代,发展重点由新城建设逐步向旧城功能完善、城市健康运行,人居水平改善等方向转变。

居住区规划设计应坚持以人为本的基本原则,遵循适用、经济、绿色、美观的建筑方针,围绕城乡居民美好生活需要,合理有效的利用土地空间,坚持保基本和提品质统筹兼顾,在补齐民生短板、确保均衡布局、满足便捷使用的同时,主动适应未来发展趋势,服务于全年龄段不同人群的全面需求,促进社区融合,激发社区活力,不断提高人民群众的获得感、幸福感、安全感,塑造"宜业、宜居、宜游、宜养、宜学"的社区"有机生命体",要兼顾不同群体的差异化需求,在步行生活圈中综合考虑多样化的住房类型、全面关怀的社区服务,以及风貌协调、充满人文底蕴的空间环境。

复习思考题

1. 居住区竖向设计的任务是什么?有哪些基本要求?
2. 居住区竖向设计有哪些表现方法?
3. 简述平坦场地竖向设计的技术要求。
4. 简述坡地场地竖向设计的技术要求。
5. 如何结合地形对住宅建筑进行布置?

第8章　居住区地下空间规划

对于居住区地下空间的开发利用,国外城市除了将一些公用设施(如市政管线、变电站等)放置在地下空间中,以及将居住建筑的地下室作为储藏室,还在地下空间中增加了一些新的内容。苏联的一些城市或欧洲的许多国家居住区中心地带的地下层多连成一体,增加商业设施与公共服务设施,用于布置停车场、商店、机房等,同时采取了一些有效的措施来改善地下的交通空间,效果十分显著。

8.1　居住区地下空间开发的必要性分析

居住区在城市用地中占有较大的比重,因此居住区地下空间在整个城市可供合理开发与综合利用的地下空间资源中也占有重要的地位。总体来说,这部分资源对于扩大地下空间容量有很大的潜力和很好的开发利用前景。但是,居住区地下空间与其他类型的城市地下空间(如交通或商业空间)有所不同,其利用内容受到一定的局限,只有对不同情况进行具体分析,才可能对居住区地下空间的资源开发利用作出比较符合实际的必要性分析与评价。

8.1.1　居住区地下空间开发的综合效益需求

现代城市居住区(特别是城市社区)通常包括以下基本构成要素:以一定的生产关系和其他社会关系为纽带组织起来的,并达到一定数量规模的、参与共同社会生活的人群;人群赖以从事社会活动的、有一定界限的地域;一整套相对完备的、可以满足社区成员基本物质需要和精神需要的社会生活服务设施;一套相互配合的、适合居住区生活的制度与相应的管理机构;基于居住区经济、社会发展水平和历史传统、文化、生活方式,以及与之相连的社区成员对所属社区在情感上和心理上的认同感和归属感。在现代城市居住区建设中,开发地下空间所产生的经济效益,是在不减少总建筑面积,不提高人口密度的条件下实现的,因此必然同时表现出多方面的综合效益,能够使居住区(城市社区)的管理机构、社会生活服务设施配置等更加完善,生态环境更美好。

只有实现居住区用地的节约,才有可能在保持城市用地基本平衡的条件下,继续提高城市的居住水平和改善居住环境,这种社会效益和生态环境效益,靠其他途径是难以产生的。如果按一定规模开发利用地下空间,可使每个居民所拥有的地下防灾空间比现行防护标准高2~3倍,不但使居住区具备了足够的防灾能力,而且对提高整个城市的总体抗灾能力也有重要意义。地下建筑相对于地面建筑来说,抗震能力要强得多。如果有足够的地下空间作为居民在地震发生前后的避难所，不但可以减少震害损失，还可增强居民的安全感。

开发利用地下空间，可使居住区内的交通安全得到加强，为老年人和青少年增加活动场所，使居住区内保持适当的建筑密度和人口密度，并可相应增加公共绿地的面积等，这些都是地下空间开发的社会和生态环境等综合效益的体现。

8.1.2　居住区地下空间开发可以完善居住区公共服务功能

过去居住区内的公共建筑很少附建地下室，在公共建筑用地范围内也很少开发地下空间，而少量的地下空间的利用多分散在一些多层居住建筑的地下室中；当有高层居住建筑时，又多集中在高层建筑地下室中。实践表明，建在这些居住建筑下的地下室，由于结构和建筑布置上的一些特殊要求，难以安排公共活动，导致利用率不高。随着城镇化进程的加快，城市人口剧增，住宅建设用地的需求量越来越大。受到城市土地价格的制约，位于城市中心城区的居住区不得不压缩公共建筑和配套服务设施的用地面积，甚至一些必需的配套功能都被忽略了，造成居住区公共服务配套设施不完善，弱化了城市居住区的公共服务功能，在很大程度上影响了居住区的综合环境质量。

为了缓解城市建设用地不足的矛盾，城市居住区将公共服务和配套设施(如社区服务、商业购物、金融邮电、文化娱乐、体育健身、变电站、垃圾收集处理等)适当地下化，成为增加居住区用地功能，获得更多绿地空间，提高城市居住区公共服务效率的重要措施。

8.1.3　居住区地下空间开发可以优化步行与车行交通

居住区内的动态交通设施有车行道路(包括干道和支路)、步行道路、立交桥等；静态交通设施有露天停车场、室内停车场、自行车棚，大型的还有地铁车站。

采用立体分流的系统进行人车分离，可以改善居住区的交通，具体做法包括以下两种：车走地下，人行地面；车走地面，人上行，走天桥(图 8.1)。

车行系统鸟瞰　　　　　车行系统剖视

图 8.1　东营白金翰宫人车分行系统

　　建立"人车分行"动态交通组织体系的目的在于保证住宅区内部居住环境的安静与安全,使住宅区内各项活动能正常、舒适地进行,避免住宅区内大量私人机动车交通影响居住生活质量,如交通安全、噪声、空气污染等,是一种针对住宅区内存在较多私人机动车交通而采取的规划措施。

　　占地面积为 100 万平方米的湖南湘江世纪城总建筑面积为 400 万平方米,可容纳 6 万人居住,在国内首创了"全城人车分流"人性化道路布局系统,将整个地下层近百万平方米的面积全部架空,设置市政交通层和地下车库,将车流全部导入地下,除了必要的消防车,地面上没有任何机动车通行,实现了彻底的人车分流——"地上花园、地下行车"(图 8.2)。

图 8.2　湖南湘江世纪城人车分流

8.1.4　居住区地下空间开发可以增强防灾抗灾能力

　　在我国传统的城市居住区规划与建设中,除在地下分散埋设一些公用设施的管线外,地下空间很少加以利用。为了保证居住区内人防工程的数量和投资来源能够落实,国家曾于 20 世纪 70 年代后期规定,在居住区总的基本建设投资中,必须将一定比例的金额用于人防工程建设,1978 年人防部门对全国省会以上重点城市的人防工程进行了普查,并记录下每年新建和再建项目的详细情况,1984 年明确要求在新开发居住区总建筑面积中要保证修建一定比例的人防工程,1988 年又明确提出了人防工程建设与城市基本建设相结合的方针。所有这些相关政策,对居住区的人防工程建设和地下空间的开发利用都起了积极作用,一些城市的居住区规划开始考虑地下人防工程的合理布置问题。在居住区和住宅规划设计中,应提倡和鼓励建造大量有一定防护能力的地下室或半地下室。国家一、二类人防重点城市应根据人防规定,结合民用建筑修建防空地下室,应贯彻平战结合原则,战时能防空,平时能民用,如用作居民存车或作为第三产业用房等,并将其使用部分分别纳入配套公建面积或相关面积之中,以提高投资效益。

8.2 居住区地下空间功能的配置

地下空间具有采光和通风较差、对地面环境的识别性较差和心理影响的缺点,在功能设置上应以建筑功能空间需求与地下环境相适应为原则,以采光要求不高和临时使用为选择条件,综合考虑配置地下空间功能。

8.2.1 停车功能

随着居民生活水平的提高,居住区内对停车的空间需求越来越大。目前居住区停车空间的需求不仅仅局限于停放自行车、摩托车等,对电动车、私人小汽车的停放需求也日益高涨。上海、北京、广州等特大城市已经实行城市居住区的停车位按照1.5~2.0 车位/户进行配置,反映了居住区小汽车的快速增长现状。居住区建设中地上地下整体开发的形式,彻底改变了原来停车库只建在住宅下和小区内公共绿地下的情况,既满足了日益增长的居民停车需求,又大大改善了居住区的人居环境。

需要强调的是,自行车、摩托车、电动车等的停车空间,应结合居住区的组团规划,在组团内的适当位置集中建设(图 8.3)。这样既便于居民停放和管理,又避免了停车占用地面空间且摆放杂乱的情况,还可以对节约下来的地面空间进行绿化,提升居住区的景观环境品质。

图 8.3 郑州国际锦艺华都地下非机动车停车库及出入口

日本的技术公司研发出了一种 ECO Cycle 地下自行车停放系统,该设备埋设于地下 11.65 m 处,采用直径 8.15 m 的圆柱体结构,每个圆柱体可以容纳 204 辆自行车,全自动的存放系统将自行车存下去只需要 8 秒钟(图 8.4)。该系统每月需支付的费用为 1800 日元,约合人民币 108 元。

该地下自行车停放系统如果能应用于我国城市居住区(或者城市商业商务中心区、各高校校园空间等),将会发挥较大的作用。这种停放方式便捷、灵活,对车辆的安全性也具有保证,推广的困难或许在于较高的月使用费。考虑到该系统所带来的良好环境效益与社会效益,需要相关部门的资金扶持或优惠措施,房地产开发商亦可

图 8.4 地下自行车停放系统

借此吸引业主的购房积极性。

8.2.2 商业及公共服务功能

居住区商业及公共服务设施包括超市、小卖部、餐饮店、美容美发店、礼品店、学校、邮局、银行、诊所、人防工程以及社区中心等。对于居民使用较为频繁的商业、餐饮、教育等设施,其布局出现了由内向型向外向型转化的趋势(图 8.5)。这些公共服务设施中除教育设施外,其余的均可设置于地下空间中,以满足居民的生活需求,利于缓解城市居住用地不足的矛盾,节约因采暖或制冷而增加的能耗,还可以通过与局部下沉式广场的结合,改善居住区地面绿化及景观环境,减少和消除地下建筑空间的封闭感和沉闷感。

将住宅和公共配套设施集中紧凑布置,并开发地下空间,使地上、地下空间垂直贯通,室内、室外空间渗透延伸,能够形成居住生活功能完善、水平—垂直空间流通的集约式整体空间。这种布局形式节地、节能,在有限的空间里可很好地满足现代城市居民的各种要求,对一些旧城改建和用地紧缺的地区尤为适用。例如,按原建设部2000 年小康住宅科技产业工程规划设计导则实施设计的集约式住宅小区——北京小营四区,即对早期集约式平台小区模式的探索(图 8.6)。

美国纽约的东河居住区,建造于 20 世纪 90 年代,属于美国早期对居住区地下空间进行综合性开发的实例。该居住区的规划布局是 4 幢互相错开的高层住宅楼,其地下空间连成一体,属于集约式整体开发,在地下空间中不仅设置了满足居民停车的两层停车库(近 700 个停车位),还设置了满足居民生活需要的商店、保健中心、洗衣房、仓库等使用空间(图 8.7)。

在地下商业及公共服务空间入口的处理上,应尽量与住宅建筑有便捷的联系,通过门禁系统来解决居民安全问题,可以采用下沉式广场、与地面建筑共用大厅等建筑形式,在内部可设置天窗、侧高窗、采光天井,增加地下建筑内部空间的开敞感和地下入口的提示效果,并尽可能利用自然采光与通风(图 8.8)。在地下空间绿化环境的营造上,可将一部分园林绿化引入地下空间,形成地面与地下空间相结合的立体绿

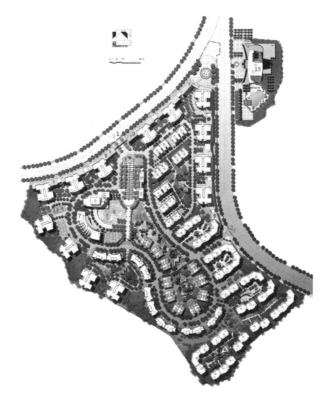

图 8.5　居住区商业设施等由内向型向外向型转化

1—小区主入口；2—车行入口；3—入口主题广场；4—小区大门；5—文化站、茶室；
6—中心水面；7—会所；8—游泳池；9—沿街商业；10—中心超市；11—中心主题花园；
12—托幼；13—体育活动场地；14—山体背景绿化；15—宾馆

资料来源：胡纹.居住区规划原理与设计方法［M］.北京：中国建筑工业出版社,2007.

化,大大丰富居住区的空间层次,提高地下商业及公共服务空间的环境品质。尤其是地上、地下空间的复合开发与特殊的自然地形、地貌、地势相结合,因地制宜,更能体现建筑环境艺术的魅力。

8.2.3　休闲娱乐功能

　　城市居住区中心景观空间是居住区的视觉中心和焦点,同时也是居住区最主要的公共活动空间,结合地面功能可进行地下空间资源的开发利用,如将会所、健身房、棋牌室、娱乐活动室等放入地面绿地、道路以下,通过地面的采光天井或下沉庭院来解决部分采光和通风问题,不仅可以节约大量地面空间资源,还可以利用地下空间冬暖夏凉的特点来解决节能问题(图 8.9)。采光天井或下沉庭院在丰富居住区景观层次的同时,还可以用来种植花草树木,为社区的居民配置一些休闲娱乐和服务设施,如社区阅览室、健身房、洗衣房、社区服务中心等,便于居民的交流以及创造有特色的社区文化。

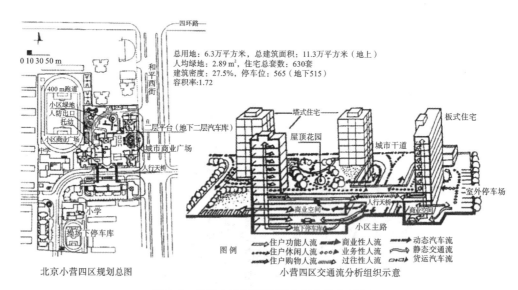

图8.6 北京小营四区地下空间集约化利用

资料来源:金笠铭.集约式居住小区模式新探——北京小营四区规划设计浅析[J].建筑学报,1997(7):29-33.

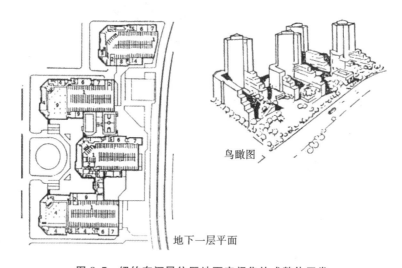

图8.7 纽约东河居住区地下空间集约式整体开发

1—停车库;2—坡道;3—办公室;4—商店;5—洗衣房;
6—婴儿车存放;7—储藏室;8—维修器材库;9—保健中心

8.2.4 市政功能

市政功能具体体现在两个方面:一是居住区内的各种市政管线宜集中布置于地下空间中,尽可能与所在城市区域综合管廊的管线有效连接,以利于维护与管理;二是分布于居住区内的各种公用设施如变(配)电房、水泵房、煤气调压站、垃圾收集等,可充分考虑设施所处地形、地势条件或地面用地情况,尽可能地设置于地下或半地下

图 8.8　居住区地下商业空间下沉式广场出入口

图 8.9　上海万源城御境下沉庭院

空间内,既节省用地,又能改善居住区内的环境和景观,同时还可以减少噪声、粉尘等对居民的影响。居住区市政公用设施的配置与规模应尽量做到系统化和综合化,便于系统本身的维护和能源的再利用。例如,位于莫斯科北郊的北切尔塔洛沃居住区在对地下空间进行规划设计时,将满足居民停车需求的大型停车库和该居住区配套的所有市政设施全部置于地下。

瑞典斯德哥尔摩郊区的哈马碧滨湖城建设了一个地下垃圾输送系统(图 8.10)。该系统在地面和建筑物内部都设有垃圾收集口,收集口通过地下垃圾输送管道与中央收集站连接。垃圾输送系统的工作原理和排水管、煤气管等其他城市基本设施的工作原理相似,垃圾被投掷后,进入预先埋设好的输送管道,利用气力输送技术,以 70 km/h 的速度向中央收集站输送。在进入中央收集站的密闭垃圾集装箱前,还要经过旋屏分离器。根据空气动力学原理,在旋转中,垃圾落入集装箱,废气则上升,顺着管道进入装有活性炭和除尘装置的废气处理器,除尘、除臭后排出室外。在中央收集站内,垃圾最终进入密封的集装箱,由环卫卡车运到相应的垃圾处理厂进行处理。在国内,广州市金沙洲居住新城的真空管道垃圾收集系统于 2006 年开始建设,珠江新城也将该真空管道垃圾收集系统用于大型商业办公区的垃圾收集。

地下垃圾输送系统示意图　　　　　　　　位于建筑物内的垃圾收集口

图 8.10　瑞典地下垃圾输送系统

8.2.5　防灾与防护功能

城市居住区人防工程作为居住区的一项重要公共服务设施,在平时发生灾害性事件和战时疏散掩蔽时将对居民起到至关重要的保护作用。依据住房和城乡建设部《城市居住区人民防空工程规划规范》(GB 50808—2013)的规定,"在居住区规划设计阶段,居住区人防工程应有明确的配建指标,从而使居住区人防工程的建设得到有效的控制引导"。人防工程的建设量和工程类型与其服务的人口规模密切相关,所以不同分级规模的城市居住区根据服务人口配套建设所需要的各类人防工程,以满足战时防空行动的需要。城市居住区人防工程建设必须突破以往仅仅结合住宅楼建设的单一模式,只有深入细致地进行居住区人防工程的平时功能开发研究,寻求与其他公共服务设施建设相结合的可能性,拓展建设模式,才能更好地落实居住区人防工程。此外,居住区内的地下空间是由许多局部空间形成的一个体系,应在可能的条件下互相连通,这对于提高防灾系统的机动性和防护效率是很重要的。

人防工程的建设,亦可为居民提供充足的防灾空间。现代大型城市居住区具有非常完善的配套公共服务设施(包括教育设施、医疗卫生、文化体育、商业服务、金融邮电、社区服务、市政公用、行政管理等),这些公共服务设施也可与部分人防工程相结合。同时,在居住区级以上的广场、绿地下方也可建设一些人防工程,发挥其重要的防灾与防护功能。

8.3　居住区地下空间规划控制的内容与相关指标

居住区地下空间规划设计是为居民提供良好居住环境的重要方式之一,全面立体式的规划开发能有效节约居住区用地,避免空间的浪费,体现"以人为本"的核心观念,重视居住区环境的营造。

8.3.1 规划控制的内容

城市居住区的规划布局,应综合考虑周边环境、路网结构、公共建筑与住宅布局、群体组合、绿地系统及空间环境等的内在联系,构成一个完善的、相对独立的有机整体。城市居住区地下空间规划应作为居住区规划设计的一个核心内容,充分体现居住区居住环境的整体性、连续性、经济性、灵活性的特点。城市居住区地下空间规划控制的内容及控制要求见表8.1。

表 8.1 城市居住区地下空间规划控制的内容及控制要求

一级控制要素	二级控制要素	地下空间环境适建性			控制属性	控制要求
		好	良好	差		
教育	托幼			●	无	不宜在地下空间建设
	中小学			●	无	操场可建设地下停车库
医疗卫生	医院(200～300床)			●	无	部分用房可建设于地下
	门诊所		●		引导性	鼓励结合公共建筑服务配套在地下空间建设
	卫生站		●		引导性	
	护理、保健		●		引导性	
文化体育	文化活动站(中心)	●			引导性	鼓励结合下沉式广场或下沉式庭院设置
	居民运动场(馆)		●		引导性	
	居民健身设施		●		引导性	
商业服务	商业(食品店、百货店)	●			引导性	优先考虑建设在地下空间,以改善地面空间环境
	药店	●			引导性	
	书店	●			引导性	
	饮食		●		引导性	
	修理		●		引导性	
金融邮电	邮电(电信支局、邮电所)	●			引导性	鼓励结合下沉式广场或下沉式庭院设置
	银行(银行、储蓄所)	●			引导性	
社区服务	社区服务中心	●			引导性	
	养老院、托老所			●	无	不宜在地下空间建设
	残疾人托养所			●	无	不宜在地下空间建设
	居(里)委会(社区用房)	●			引导性	鼓励结合公共建筑服务配套在地下空间建设,宜结合下沉式广场或下沉式庭院设置
	治安联防站、物业管理	●			引导性	
行政管理及其他	街道办事处	●			引导性	
	市政管理机构(所)	●			引导性	
	派出所、其他管理用房	●			引导性	
	防空地下室	●			强制性	城市居住区人民防空工程规划规范

续表

一级控制要素	二级控制要素	地下空间环境适建性			控制属性	控制要求
		好	良好	差		
市政公用	供热站或热交换站	●			强制性	优先考虑建设在地下空间,以改善地面空间环境
	变电室、路灯配电室	●			强制性	
	开闭所	●			强制性	
	燃气调压站	●			强制性	
	高压水泵房	●			强制性	
	公共厕所		●		引导性	宜地上、地下相结合
	垃圾转运站		●		引导性	
	垃圾收集点			●	引导性	
	居民存车处、停车场(库)	●			强制性	参照各地规定指标
	公交始末站			●	引导性	超大型居住区可考虑地下公交车始末站或换乘站
	消防站、燃料供应站		●		引导性	不作要求

8.3.2 规划控制的相关指标

1. 地下停车位指标

我国居民小汽车的使用比例提升很快,居住区内居民小汽车的停放问题已普遍存在。居住区居民小汽车(包括通勤车、出租汽车及个体运输机动车等)的停放场地日益成为居住区内部停车的一个重要组成部分。目前我国居住区内停车空间日益拥挤,许多城市居住区出现了占路停放、广场停放,甚至在居住区绿地内停放的状况,带来了许多交通安全隐患,严重影响到居民的日常活动空间,邻里之间也因此出现了诸多不和谐的因素。

在停车位指标方面,《城市居住区规划设计标准》(GB 50180—2018)规定,"机动车停车应根据当地机动化发展水平、居住区所处区位、用地及公共交通条件综合确定,并应符合所在地城市规划的有关规定""地上停车位应优先考虑设置多层停车库或机械式停车设施,地面停车位数量不宜超过住宅总套数的 10%"。目前,全国范围内各省、直辖市、自治区等结合城市自身发展情况,制定了相关的居住区停车位配建控制指标。例如,根据《青岛市市区公共服务设施配套标准及规划导则(试行)》的规定,居住区公共服务设施的配套停车场(库)宜按照公共建筑总建筑面积每 100 m² 配置 0.3~0.5 个车位,以满足公共停车需求;居住区居民小汽车停车场(库)按以下标准配置车位:每户建筑面积大于 144 m² 的按照 1.5~2 个/户配置,每户建筑面积在 90~144 m² 的按照 0.8~1.5 个/户配置,每户建筑面积小于 90 m² 的按照 0.5~1.0

个/户配置;新建居住区内的地面停车率(居住区内居民小汽车地面停车位数量与居住户数的比率)可按 10%~15% 控制,地面停车位按 25~30 m²/个、地下停车位按 30~35 m²/个控制。

地面停车率是指居民汽车的地面停车位数量与居住户数的比率。为了控制地面停车数量,营造居住区内舒适的地面环境,《城市居住区规划设计标准》(GB 50180—2018)提出地面停车率不宜超过住宅总套数的 10% 的控制指标,当地面停车率高于住宅总套数的 10% 时,其余部分可采用地下、半地下停车或多层停车楼等方式。

目前国内有许多环境品质优秀的居住区,在解决交通与停车问题上为我们提供了宝贵的经验,一是将居住区动态交通与静态交通进行系统整合,车辆在地下道路通行中可方便地进入相应地下停车空间,比如前文所提到的湖南湘江世纪城人车分流设计;二是将居住区静态交通全部置于地下空间,即将所有的停车位地下化,地上空间按照规范要求仅留有车库出入口及必要的消防与应急车道(一般情况下可以满足居民的步行、慢跑等需求),其余空间可作为绿化、景观及居民的游憩、交往和活动空间。

2. 地下人防工程指标

国家一、二类人防重点城市应根据人防规定,结合民用建筑修建防空地下室,应贯彻平战结合原则,战时能防空,平时能民用,如用作居民存车或第三产业用房等,并将其使用部分分别纳入配套公建面积或相关面积之中,以提高投资效益。由于居住区人防工程规范还未依据《城市居住区规划设计标准》(GB 50180—2018)进行调整、颁布,因此目前尚需要依据住房和城乡建设部《城市居住区人民防空工程规划规范》(GB 50808—2013)的规定。我国的城市居住区内人防工程配建面积指标情况如下:人防 I 类城市一般为 1.9~4.0 m²/人,人防 II 类城市一般为 1.7~3.0 m²/人,人防 III 类城市一般为 1.6~2.5 m²/人,其他城市一般为 1.5~2.2 m²/人(表 8.2 至表 8.4)。

表 8.2 居住区配建人防工程的建筑面积指标上限值与下限值　　单位:m²/人

城市类别	上(下)限值	医疗救护工程	防空专业队工程	人员掩蔽工程	配套工程	总指标
人防 I 类城市	上限值	0.18	0.30	3.20	0.64	4.00
	下限值	0.07	0.10	1.50	0.23	1.90
人防 II 类城市	上限值	0.12	0.20	2.26	0.42	3.00
	下限值	0.05	0.07	1.40	0.18	1.70
人防 III 类城市	上限值	0.10	0.14	1.92	0.34	2.50
	下限值	0.04	0.06	1.36	0.14	1.60

续表

城市类别	上(下)限值	医疗救护工程	防空专业队工程	人员掩蔽工程	配套工程	总指标
其他城市	上限值	0.09	0.11	1.74	0.26	2.20
	下限值	0.04	0.04	1.33	0.09	1.50

资料来源:中华人民共和国住房和城乡建设部,中华人民共和国国家质量监督检验检疫总局.城市居住区人民防空工程规划规范:GB 50808—2013[S].北京:中国建筑工业出版社,2012.

表 8.3　居住小区配建人防工程的建筑面积指标上限值与下限值　　　单位:m²/人

城市类别	上(下)限值	医疗救护工程	防空专业队工程	人员掩蔽工程	配套工程	总指标
人防Ⅰ类城市	上限值	0.28	0.34	2.84	0.54	4.00
	下限值	0.10	0.11	1.52	0.17	1.90
人防Ⅱ类城市	上限值	0.19	0.22	2.23	0.36	3.00
	下限值	0.08	0.09	1.38	0.15	1.70
人防Ⅲ类城市	上限值	—	0.19	2.02	0.29	2.50
	下限值	—	0.08	1.38	0.14	1.60
其他城市	上限值	—	—	2.20	—	2.20
	下限值	—	—	1.50	—	1.50

资料来源:中华人民共和国住房和城乡建设部,中华人民共和国国家质量监督检验检疫总局.城市居住区人民防空工程规划规范:GB 50808—2013[S].北京:中国建筑工业出版社,2012.

表 8.4　居住组团配建人防工程的建筑面积指标上限值与下限值　　　单位:m²/人

城市类别	上(下)限值	医疗救护工程	防空专业队工程	人员掩蔽工程	配套工程	总指标
人防Ⅰ类城市	上限值	—	—	3.20	0.80	4.00
	下限值	—	—	1.67	0.23	1.90
人防Ⅱ类城市	上限值	—	—	2.46	0.54	3.00
	下限值	—	—	1.53	0.17	1.70
人防Ⅲ类城市	上限值	—	—	2.50	—	2.50
	下限值	—	—	1.60	—	1.60
其他城市	上限值	—	—	2.20	—	2.20
	下限值	—	—	1.50	—	1.50

资料来源:中华人民共和国住房和城乡建设部,中华人民共和国国家质量监督检验检疫总局.城市居住区人民防空工程规划规范:GB 50808—2013[S].北京:中国建筑工业出版社,2012.

在居住区医疗救护工程配置与布局上,对于 3 万~5 万人的居住区,急救医院的建筑面积一般在 2500 m² 以上,单个救护站的建筑面积一般在 1000~1500 m²,人防Ⅰ、Ⅱ类城市的居住区应配建的医疗救护工程面积为 2400~4000 m²,基本相当于 2

～3 处救护站的规模。人防Ⅰ类城市地面医疗设施配置较为完善,有利于医疗救护工程的落实。人防Ⅲ类城市和其他城市医疗救护工程配建指标为 1200 m²,满足救护站的最小规模;对于规模大于 10 万人的居住区,配套建设医疗救护工程面积均在 4000 m² 以上,具备建设急救医院的条件,同时从人口规模和医疗救护工程服务半径上也需要设置急救医院,以满足战时本居住区居民的医疗救护需求。

防空专业队工程主要由城市有关职能部门负责建设,居住区配建的专业队工程主要为满足居住区的自我功能的修复和救助。结合居住区可能遭受的空袭及平时灾害的特点,居住区防空专业队的类别主要有四类:抢险抢修专业队、医疗救护专业队、治安专业队、消防专业队。其他类别的专业队由城市其他区域的专业队统一保障。为满足专业队工程最小规模要求,需要根据各地城市保障目标内容,合理确定抢险抢修、医疗救护、治安、消防四类专业队工程的配置比例,同时与城市人防工程总体规划中的各类专业队工程配置比例相对应。

人防配套工程主要包括区域电站、区域供水站、人防物资库、食品站、生产车间、人防交通干(支)道、警报站、核生化监测中心等。结合需求特点,居住区可能配建的配套工程主要有人防物资库、食品站、区域电站、区域供水站。其中,在居住区内部一般不会单独建设区域电站、区域供水站,而是结合规模大于 5000 m² 的人防工程配套建设,因此区域电站、区域供水站不计入人均配套工程指标。城市对人防物资库工程的需求量为人均面积 0.15～0.2 m²,对食品站工程的需求量约为人均面积 0.05 m²。区域电站、区域供水站需另行确定,或由当地人防主管部门确定。

此外,居住区人防工程应结合民用建筑修建防空地下室,居住区商品住宅成为结建人防工程的建设主体。目前我国大部分地区现行的结合民用建筑修建防空地下室的标准如下:新建 10 层(含)以上或基础埋深 3 m(含)以上的民用建筑,按照地面首层建筑面积修建防空地下室。居民住宅修建防空地下室结建比例换算见表 8.5。

表 8.5　居民住宅修建防空地下室结建比例换算表

建筑高度		结建比例/(%)
高层	33 层	3
	25 层	4
	18 层	5.5
中高层	11 层	9.1
	9 层	11
多层	6 层	16.7

资料来源:中华人民共和国住房和城乡建设部,中华人民共和国国家质量监督检验检疫总局.城市居住区人民防空工程规划规范:GB 50808—2013[S].北京:中国建筑工业出版社,2012.

3. 地下商业及公共服务设施指标

从现代城市空间的发展经验来看,国内外城市重点地区的地下公共服务空间所占城市地面公共服务空间的比重为 20％～30％，个别发达城市能够达到 40％。因此，结合城市居住区所属的特殊城市环境，未来新建城市居住区地下商业及其他公共服务设施的比例，可以逐步提高至 35％～40％，建设层数（地下层）以 1～2 层为宜。这样一来，可以估算出能够节约居住区用地 400～1000 m²/千人，相当于平均每人增加了 0.4～1.0 m² 的绿化或广场用地，节地效益比较显著。

8.4　居住区地下空间规划设计要点

我国现代居住区的规划建设自中华人民共和国成立后经历了 70 年的发展，未来我国居住区的建设会更注重土地的集约化高效利用和生态环境的营造，综合考虑所在城市的性质、社会经济、气候、民族、习俗和传统风貌等地方特点以及规划用地周围的环境条件，充分利用规划用地内有保留价值的河湖水域、地形地物、植被、道路、建筑物与构筑物等，通过建筑的风格、空间的尺度、绿化的配置、街道的线型、空间的格局、环境的氛围等规划设计突出居住区的识别性与归属感。

8.4.1　系统地开发利用地下空间，加强地下空间的连通性

传统的城市居住区地下空间基本上都是相对独立的地下建筑单体，相互之间缺乏必要的连通，导致地下单体建筑在使用过程中效率低下，甚至在某些程度上影响了居民使用的心理。居住区地上空间与地下空间功能的协调与配合，对居住区的环境特色和个性创造起着决定性的作用，地下空间的连通性也会直接影响到居住区建筑群体的组合形态、整体环境的空间轮廓、富有文化与活力的人文环境。

例如，在居住区地下停车库的规划设计中，如果在地面设置人行出入口，居民在停放车辆后自地下车库通过该出入口上到地面，然后步行至住宅入口，这种方式存在步行距离过大且易受到天气影响的问题。如果居民在停车后直接在车库内按照规划的人行流线到达所在住宅的地下层，则可以直接通过住宅的垂直交通设施到达家中，这种方式消除了人们进出地下车库及在地面行走时的不利因素，通过住宅与地下车库的连通改变了人们的出行方式，易于创造全天候的地下步行环境。还有一种与环境结合得更好的方式，即通过在地下车库与住宅一层门厅（或大厅、大堂）上下对位位置设置一个地下门厅，形成双门厅（双大堂）系统，在其侧面的位置亦可设置下沉式庭院，结合下沉式庭院可以种植绿色植物、打造地下景观节点，更重要的是由于每座住宅均有双门厅系统，可以节约地下车库的通风设施费用及降低地下空间高度，达到经济性与生态性的有效结合（图 8.11）。此外，将地下车库、地下商业以及其他公共服务空间通过地下通道连接，可以最大限度地利用地下空间，改善地面交通状况。居住区地下空间的连通，使居民不出地面便可实现居住区内各功能区的通达。

8.4.2　结合半地下建筑及覆土建筑，突出半地下空间的生态景观性

半地下建筑是指建筑室内地坪位于室外地坪线以下，两者高差超过该房间高度

图 8.11　地下车库大堂

的 1/3,但不超过 1/2。半地下建筑由于降低了建筑露于地面以上的高度,因此在居住区的景观方面具有良好的协调性,通常情况下半地下建筑的类型包括会所、超市、文化娱乐场所、银行、邮局、理发店、美容院等与居民生活密切相关的公共服务设施。如果将半地下建筑除门窗、主要建筑立面等以外的部分用土层覆盖,再加以绿化种植,就形成了覆土建筑(图 8.12)。如前文所述,我国西部黄土高原的窑洞民居与村落就是一种典型的覆土住宅建筑。地下空间开发与"山水城市"相结合,能够实现居住区的园林化,采用半地下覆土建筑可以维护居住区的自然山水风貌和历史人文景观。

地下车库入口　　　　　　　　　　　沿街商业服务

图 8.12　首尔某住区沿街覆土停车库与商业服务

　　由 BCQ Arquitectura 建筑事务所设计的巴塞罗那 Joan Maragall 图书馆,位于某住宅区内花园与街道之间原有的空间内,利用地势落差,在不占用原花园用地的情况下,成为一个只有局部构造露出地面的半地下建筑(图 8.13)。从建筑学概念上讲,这个建筑不属于半地下建筑,因为它位于地下的部分为两层,地面以上的部分很少,但是在建筑学意义上仍应将它看作半地下建筑的优秀案例。

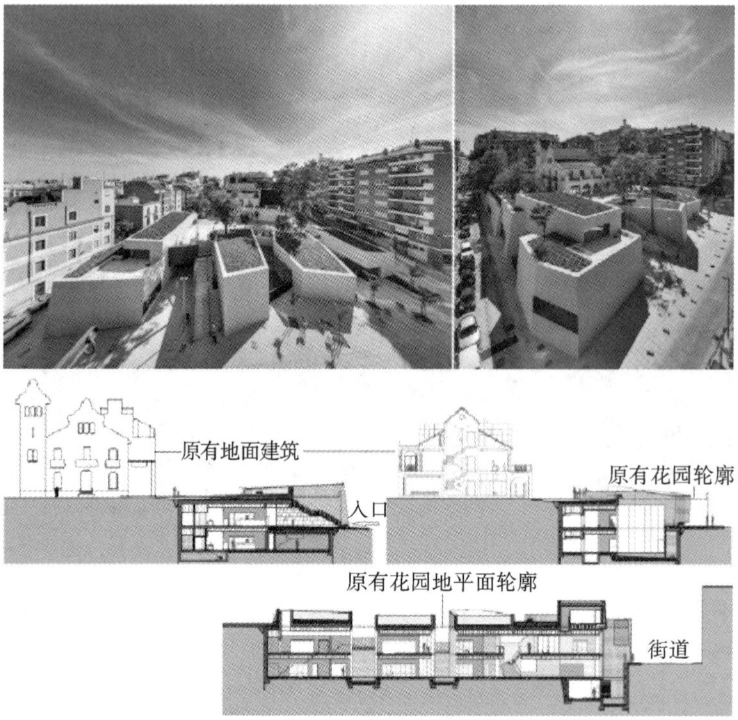

图 8.13 巴塞罗那 Joan Maragall 图书馆

该图书馆主要以两种不同形式的要素构成:光与沉默的庭院,书籍与知识的庭院。透过绿色植物及光影的流动,让良好的光线与空气在整个室内流通,创造出宁静的氛围,由混凝土及坚固的书架构成的外墙,诠释了"知识就是力量"这句名言。整个建筑群以花园作为主导,连接着街道和花园间的地形落差成为通往图书馆的天然入口,花园原有的树木被移栽至图书馆的屋顶花园内(屋顶花园与原花园位于相同的高度),在视觉上延伸了花园的面积(图 8.14)。

利用自然地形落差形成建筑入口　　　　　　大面积的玻璃增强了建筑内外交流

图 8.14 巴塞罗那 Joan Maragall 图书馆入口及庭院

　　需要注意的是,覆土厚度过浅(小于 1.2 m),会影响到树木(乔木)的自然生长,因此覆土建筑顶部的覆土厚度通常为 1.5～2.0 m,可以用来种植植物,从而达到节约居住区用地、美化环境空间的目的。同时,因为这种半地下建筑延续了土壤的热延迟性以及覆土绿化对自然规律具有积极影响,所以其内部空间具有冬暖夏凉的特性,能起到节约能源的作用,如南京香榭岛低密度住宅区生态会所(图 8.15)、烟台云上半地下休闲俱乐部(含健身房、台球室、乒乓球室、瑜伽房、棋牌室、儿童娱乐区等)、深圳半山海景兰溪谷 2 期半地下会所(会所屋顶形成整体式的园林特色)。随着我国城市土地资源的日益紧缺,城市居住区地下覆土建筑也应该成为我国城市规划师、建筑师以及政府管理部门的重要研究内容。

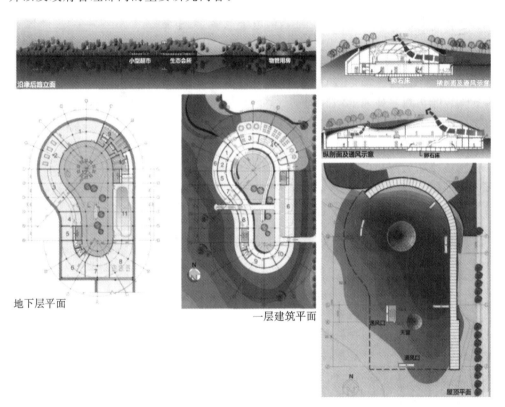

图 8.15　南京香榭岛低密度住宅区生态会所方案

1—地下层形体训练;2—英式桌球;3—健身房;4—图书馆;5—书库;6—设备;
7—棋室;8—乒乓球室;9—男更衣室;10—女更衣室;11—游泳池;12—音乐茶座
1——层门卫;2—值班;3—风情茶餐厅;4—厨房;5—专卖;6—上空;7—美发;8—美容;9—管理;10—办公

　　值得注意的是,将居住区的车库依据地形条件在局部处理成半地下的形式,工程量与土方开挖量都较小,能够相对节约建造费用。而且,由于半地下车库有部分空间与外界接触,因此能够实现较好的自然采光与通风,易于处理成半地下式景观车库,让停车空间也充满自然景色和情趣,改变居民对于地下停车空间封闭幽暗的印象。

8.4.3　通过设置下沉广场和下沉庭院，创建上下部空间的景观连续性

下沉广场和下沉庭院的出现打破了只在一个平面上做设计的概念，通过地上、地面、地下等不同水平层面的活动场所的设置，实现空间的分离与整合，形成丰富多变的广场景观。下沉广场和下沉庭院是位于地表以下 5 m 内的一种空间类型，可作为居住区地面重要功能和景观空间的延伸，是居住区空间向地下渗透的一种表现。下沉广场或下沉庭院与地下商业及其他公共服务设施、地下停车库等地下空间的连通，最终使居住区地面和地下空间融合在一起，借助电梯、自动扶梯等垂直交通设施，形成上下部一体化的居住区景观空间。

下沉广场或下沉庭院可以处理成 1 层或 2 层，周边设置地下商业及其他公共服务设施出入口，周围的商店和饮食店等直接向广场开窗、开门，通过一个外廊将商店联系起来，并作为人行通道。敞开的广场可以为其提供光线、自然景观及人工景观，加强了地下空间与外部空间的景观联系与视觉联系，在地下空间内部看到开敞的庭院也容易给人以身处地上空间的感觉，从而避免地下空间带来的封闭感和沉闷感。此外，下沉广场还能利用局部高差及围合方式的变化改善小区单调、平面化的总体环境。广场中最受欢迎的区域是沿广场的边界区以及不同空间之间的过渡区，因此下沉广场或下沉庭院在设计时，需要沿边界区或在过渡区设置一定形式的垂直界面与要素，如建筑界面、台阶、矮墙、跌水、座凳、树木和其他建筑小品等，形成富有趣味的空间，使居民产生强烈的空间归属感、领域感和安全感。

加强生态文明建设，坚持人与自然和谐共生

党的十八大以来，我们加强党对生态文明建设的全面领导，把生态文明建设摆在全局工作的突出位置，作出一系列重大战略部署，开展了一系列根本性、开创性、长远性工作，决心之大、力度之大、成效之大前所未有，生态文明建设从认识到实践都发生了历史性、转折性、全局性的变化。生态环境保护和经济发展是辩证统一、相辅相成的，建设生态文明、推动绿色低碳循环发展，不仅可以满足人民日益增长的优美生态环境需要，而且可以推动实现更高质量、更有效率、更加公平、更可持续、更为安全的发展，走出一条生产发展、生活富裕、生态良好的文明发展道路。

我国建设社会主义现代化具有许多重要特征，其中之一就是我国现代化是人与自然和谐共生的现代化，注重同步推进物质文明建设和生态文明建设。要完整、准确、全面贯彻新发展理念，保持战略定力，站在人与自然和谐共生的高度来谋划经济社会发展，坚持节约资源和保护环境的基本国策，坚持节约优先、保护优先、自然恢复为主的方针，形成节约资源和保护环境的空间格局、产业结构、生产方式、生活方式，统筹污染治理、生态保护，促进生态环境持续改善，努力建设人与自然和谐共生的现代化。

（1）坚持不懈推动绿色低碳发展。生态环境问题归根到底是发展方式和生活方

式问题。建立健全绿色低碳循环发展经济体系、促进经济社会发展全面转型是解决我国生态环境问题的基础之策。开发地下空间,腾出地面空间,可以营造更多的绿色生态环境。城市化发展过程中,城市基础设施、建筑物占有许多地面空间,同时人流密集,交通拥堵,造成诸多"城市病"。如果我们对地下空间积极利用开发,把原来地面的设施放到地下,就可以释放出更多的地面空间,创造更多的生态环境,吸收环境中的碳排放。

(2)积极推动全球可持续发展。我们要秉持人类命运共同体理念,未来城市发展的理想形态是人与自然和谐共生,社会、经济与自然环境协调发展。随着城市化的进展和城市人口的剧增,城市开发建设用地需求量日益增加,势必造成用地紧张、地价高昂,如果一味增加建筑密度和建筑高度,将导致城市空间拥挤,开敞空间和绿化减少,生态环境质量下降,而无限制扩大城市用地范围,又必然大量占用农田耕地,破坏森林植被而危害生态环境,有碍城市的可持续发展。因此,必须科学、立体、深度规划和充分利用地下珍贵的土地资源,将地下空间开发作为城市建设的有机组成部分,正如习近平总书记强调:"要坚持先规划后建设的原则,把握好城市定位,把每一寸土地都规划得清清楚楚后再开工建设。"

(3)推动地下空间领域现代化。地下地上空间规划要相互协调,形成一体化,地下各项规划要相互衔接,尽力"多规合一",充分发挥地下空间开发对改善生态环境、促进城市可持续发展的作用。

复习思考题

1. 怎样理解居住区地下空间开发利用的必要性?
2. 如何解决居住区交通分行的问题?
3. 城市居住区可以配置哪些功能的地下空间?
4. 城市居住区地下空间规划控制的内容与相关指标有哪一些?
5. 谈一谈居住区地下空间规划设计的要点。

第9章 老龄化社区及居住区养老规划

国家统计局 2023 年 1 月发布关于人口的最新数据显示,截至 2022 年底,我国 60 岁以上老年人口已达 28004 万人,占总人口的 19.8%,其中 65 岁以上人口 20978 万人,占总人口的 14.9%;中国发展研究基金会《中国发展报告 2020:中国人口老龄化的发展趋势和政策》预测,至本世纪中叶,我国 60 岁及以上老年人口或近 5 亿,平均每三个人当中就有一个老年人。

9.1 老龄化社会与康体养老产业

党的二十大报告明确提出,实施积极应对人口老龄化国家战略,发展养老事业和养老产业,优化孤寡老人服务,推动实现全体老年人享有基本养老服务。

老龄化社会给城市生产生活、工作休闲等都带来了变化,对城市建设也产生了重要影响。对养老机构服务设施的需求也将产生变化。围绕保障养老服务设施用地供应、规范养老服务设施用地开发利用管理、大力支持养老服务业发展,2014 年出台的《养老服务设施用地指导意见》明确提出:合理界定养老服务设施用地范围;依法确定养老服务设施土地用途和年期;规范编制养老服务设施供地计划;细化养老服务设施供地政策;鼓励租赁供应养老服务设施用地;实行养老服务设施用地分类管理;加强养老服务设施用地监管;鼓励盘活存量用地用于养老服务设施建设;利用集体建设用地兴办养老服务设施等。

2019 年 11 月,中共中央、国务院印发了《国家积极应对人口老龄化中长期规划》,该规划从 5 个方面部署了应对人口老龄化的具体工作任务。

(1)夯实应对人口老龄化的社会财富储备。通过扩大总量、优化结构、提高效益,实现经济发展与人口老龄化相适应。通过完善国民收入分配体系,优化政府、企业、居民之间的分配格局,稳步增加养老财富储备。健全更加公平更可持续的社会保障制度,持续增进全体人民的福祉水平。

(2)改善人口老龄化背景下的劳动力有效供给。通过提高出生人口素质、提升新增劳动力质量、构建老有所学的终身学习体系,提高我国人力资源整体素质。推进人力资源开发利用,实现更高质量和更加充分就业,确保积极应对人口老龄化的人力资源总量足、素质高。

(3)打造高质量的养老服务和产品供给体系。积极推进健康中国建设,建立和完善包括健康教育、预防保健、疾病诊治、康复护理、长期照护、安宁疗护的综合、连续的老年健康服务体系。健全以居家为基础、社区为依托、机构充分发展、医养有机结合的多层次养老服务体系,多渠道、多领域扩大适老产品和服务供给,提升产品和服务质量。

（4）强化应对人口老龄化的科技创新能力。深入实施创新驱动发展战略,把技术创新作为积极应对人口老龄化的第一动力和战略支撑,全面提升国民经济产业体系智能化水平。提高老年服务科技化、信息化水平,加大老年健康科技支撑力度,加强老年辅助技术研发和应用。

（5）构建养老、孝老、敬老的社会环境。强化应对人口老龄化的法治环境,保障老年人合法权益。构建家庭支持体系,建设老年友好型社会,形成老年人、家庭、社会、政府共同参与的良好氛围。

9.1.1 我国老龄化社会的特点与现状

2022 年,国家卫生健康委会同教育部、科技部等 15 部门联合印发《"十四五"健康老龄化规划》,该规划提到,"十四五"时期,我国人口老龄化程度将进一步加深,60 岁及以上人口占总人口比例将超过 20%,进入中度老龄化社会。

1. 老龄化增速快

从世界范围看,中国属于较晚进入人口老龄化社会的国家,但从 2000 年步入老龄化社会以后,老龄化发展速度在加快。2021 年,中国 65 岁及以上老年人口约 2 亿人,占总人口比重达 14.2%,标志着中国正式进入"老龄社会"（按照联合国标准,65 岁以上人口的占比超过 7% 即为"老龄化社会",14% 以上为"老龄社会",超过 20% 为"超老龄社会"）。由老龄化社会进入老龄社会的进程仅用了 21 年,速度快于最早进入老龄社会的法国和瑞典,这两国分别用了 115 年和 85 年实现向老龄社会的转变,也快于其他主要的发达国家。

2. 未富先老

先期进入老龄化社会的一些发达国家,人均国民生产总值达到 20000 美元以上,呈现出"先富后老",这为解决人口老龄化带来的问题奠定了经济基础。而我国进入老龄化社会时,人均国民生产总值还不足 1000 美元,呈现出"未富先老",由于经济实力还不强,无疑增加了解决老龄化问题的难度。

3. 养老服务供给不断扩大

近十年来,我国养老服务供给稳步增长。以养老服务床位来看,2012 年养老服务床位为 381 万张,之后 5 年间以每年百万张的速度增加,到 2017 年增至 714.2 万张,2020 年突破 800 万张。《关于 2021 年国民经济和社会发展计划执行情况与 2022 年国民经济和社会发展计划草案的报告》显示,2021 我国加快推进老龄事业和老龄产业协同发展,居家社区机构相协调、医养康养相结合的养老服务体系初步建立,全社会养老床位数达 813.5 万张。

虽然我国的养老机构床位数呈现增长的趋势,但受到人口老龄化加速的影响,60 岁以上每千名老人拥有的养老床位仍然处于较低水平。2012 年,我国每千名老年人拥有养老床位 21.48 张,2015 年升至 30.31 张,之后稳定在约 30 张的水平,2020 年为 31.1 张。

国家卫健委等 15 个部门印发的《"十四五"健康老龄化规划》提出,为促进实现健康老龄化,要深入推进医养结合发展,以连续性服务为重点,提升老年医疗服务水平。具体来说,这个规划鼓励康复护理机构、安宁疗护机构纳入医联体网格管理,建立畅通合理的转诊机制,为网格内老年人提供疾病预防、诊断、治疗、康复、护理等一体化、连续性医疗服务。

4. 养老需求增加,形式更加灵活多样

随着社会经济不断发展和生活水平不断提高,老年人对生活服务、生活照料以及精神关怀等方面的需求也不断提高。我国在"十三五"规划中就提出"积极应对人口老龄化",政府积极支持规划养老产业,并出台各种优惠补贴政策,提倡智能化养老等。

9.1.2 康体养老产业的现状与发展

2016 年 12 月,国务院办公厅印发了《关于全面放开养老服务市场提升养老服务质量的若干意见》,提出"到 2020 年,养老服务市场全面放开,养老服务和产品有效供给能力大幅提升,供给结构更加合理,养老服务政策法规体系、行业质量标准体系进一步完善,信用体系基本建立,市场监管机制有效运行,服务质量明显改善,群众满意度显著提高,养老服务业成为促进经济社会发展的新动能"。

2017 年 2 月,工信部等三部委印发《智慧健康养老产业发展行动计划(2017—2020 年)》,提出到 2020 年,基本形成覆盖全生命周期的智慧健康养老产业体系,建立 100 个以上智慧健康养老应用示范基地。

2019 年 2 月,国家发展改革委、民政部、国家卫健委等三部门联合发布《城企联动普惠养老专项行动实施方案》,快速、持续推进城企联动普惠养老专项行动,计划到 2022 年形成支持社会力量发展普惠养老的有效合作新模式。南昌、郑州、武汉、成都等 7 个城市成为首批试点城市。

《国务院办公厅关于推进养老服务发展的意见》(国办发〔2019〕5 号)提出推动居家、社区和机构养老融合发展。支持养老机构运营社区养老服务设施,上门为居家老年人提供服务。将失能老年人家庭成员照护培训纳入政府购买养老服务目录,组织养老机构、社会组织、社工机构、红十字会等开展养老照护、应急救护知识和技能培训。大力发展政府扶得起、村里办得起、农民用得上、服务可持续的农村幸福院等互助养老设施。探索"物业服务+养老服务"模式,支持物业服务企业开展老年供餐、定期巡访等形式多样的养老服务。打造"三社联动"机制,以社区为平台、养老服务类社会组织为载体、社会工作者为支撑,大力支持志愿养老服务,积极探索互助养老服务。《"十四五"国家老龄事业发展和养老服务体系规划》提出,要建设普惠养老服务网络,发展社区养老服务机构,支持社区养老服务机构建设和运营家庭养老床位,将服务延伸至家庭。到 2025 年,乡镇(街道)层面区域养老服务中心建有率达到 60%,与社区养老服务机构功能互补,共同构建"一刻钟"居家养老服务圈;养老服务床位总量要达到 900 万张以上,养老机构护理型床位占比达到 55%,设立老年医学科的二级及以上综合性医院占比达到 60% 以上;深入推进医养结合,增加医养结合服务供给,支持社会力量建设专业化、规模化、医结合能力突出的养老机构,推动其在长期照护服务标准规范完善等方面发挥示范引领作用。

目前,我国现有社会养老模式主要包括居家养老、机构养老、社区养老等。

1. 居家养老逐渐演变为社区(邻里型)养老

受中华民族传统家庭伦理观念的影响,我国大多数老年人不愿离开自己的家庭和社区,到一个新的环境养老。居家养老服务采取让老年人在自己家里和社区接受生活照料的服务形式,适应了老年人的生活习惯,满足了老年人的心理需求,有助于他们安享晚年。

随着我国家庭结构以及工作方式的不断变化,传统意义上的居家养老模式发生重大变化,需更多借助于社区服务和专业化养老服务机构。其中,长期照料、精神慰藉、临终关怀等老年护理服务蕴含着巨大的社会需求。同时,纯粹的家庭养老模式因为社会交往关系的更加密切和开放化而不断被削弱。因此,在原来绿色养老概念及社区养老配套标准等一系列社会养老关怀工作的推动下,社区智慧养老平台应运而生。

智慧养老服务模式大多采用"系统+服务+老人+终端"的形式,以社区为依托,以智慧养老平台为支撑,以智能终端和热线为纽带,整合社区养老服务设施、专业服务队伍和社会资源,重点打造远程监测、信息及时、代管全托付的智能居家养老服务网络,为老年人提供综合性的养老服务。

万科随园嘉树被业内认为是万科首个真正意义上的养老项目,采用"大社区+养老组团"的开发模式(图 9.1)。这种首创的社区邻里式养老模式,形成了一种新的邻里关系以及邻里生活方式的拓展:老年人不脱离社会和子女。通过打造适老化产品和服务体系,引导住户进入一种全新的生活方式。项目园区中央的"金十字"养生休闲区,面积达 4500 m²,包括景观餐厅、阳光阅览室、多功能厅、健身房、棋牌室、咖啡吧、老年大学等。

2. 机构养老(即社会养老)成为必要的补充

机构养老将养老状态从原有的居家形态上进行了一定的剥离,为老人建立了较为独立完整的社会活动圈,同时也为年轻人营造相对轻松和纯粹的生活环境。虽然机构养老在经济形态与管理模式上处于探索阶段,但仍然出现了一些较为优秀的产业项目。目前的机构养老在运营管理上大致可分为会员制养老、家园式养老与康体休闲式养老三种形式。

会员制养老是指具有良好的身体状况且年龄在一定范围内的老人,根据自身经济条件和养老意愿,与养老产业开发方达成一定的服务合作关系。如上海亲和源老

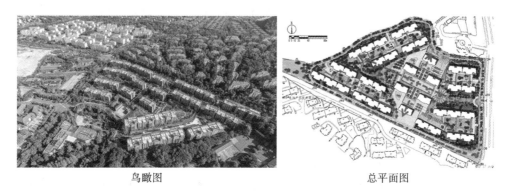

鸟瞰图   总平面图

图 9.1 万科随园嘉树

年公寓就是国内首家高端会员制养老地产(图 9.2)。社区内沿街分布餐厅、老年度假酒店、健康会所、商业、老年大学、医院等公共建筑,社区内部是居住型物业,与外部有一定距离,保证了私密性。社区内的适老硬件配套完备,包括配餐中心、医院、颐养院、商业街、亲和学院、健康会所、老年度假酒店、小型高尔夫球场、活动广场、门球场、舞蹈广场、茶室等功能活动区,生活、健康、快乐三大服务体系使得适老设置完善,满足了各年龄段老年生活的需要。

图 9.2 上海亲和源老年公寓

2013 年北京市政府确定双井恭和苑为"医养结合"试点养老机构,即家园式养老与康体休闲式养老的结合。该项目首次提出了"喘息服务"的概念(目的是让老人享受一段幸福安康的生活,也让长期照顾老人的子女或老伴喘口气),通过多种选择的服务模式,针对不同的老年人群与家庭条件提供服务。同时,恭和苑在全国多处地方都设置了养老机构,有助于老年人联谊交往、多处联动,大大丰富了老人的生活。居住分长住、短住两种居住方式。长住可为需要医养结合、持续照料的老人提供长期的生活照料;短住则提供一站式的专业短期照料。

3. 社区养老成为新型养老模式

传统的居家养老在实际的生活服务中更多地偏向于自助型,一方面很多信息不能及时传递,从而导致很多住区配套养老服务设施不能充分发挥养老关注服务;另一方面,面对多代人同堂或同住区的人群来说,虽然减轻了社会对老人养老服务的投入,却给年轻人的工作和学习带来了较大的负荷。在此基础上有效地发展社区养老,提高社区养老配套条件,完善社区养老服务水平,使得社区养老成为新时期较受欢迎的养老模式。如北京泰康之家·燕园社区,就是以社区为模式展开的养老地产。(参考网络视频"为长寿时代中国养老产业发展树立典范",网址为 https://haokan.baidu.com/v? pd＝wisenatural&vid＝11959028878982044538。)

　　泰康之家·燕园社区位于北京昌平新城核心区域,该社区引入国际 CCRC 养老模式,并配备了专业康复医院和养老照护专业设备,是可供独立生活的老人以及需要不同程度的专业养老照护服务的老人长期居住的大型综合高端医养社区(图 9.3)。泰康之家·燕园是中国首家获得 LEED 认证的险资投资养老社区。

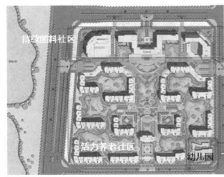

图 9.3　泰康之家·燕园社区

　　该社区为居民提供青松阁、雅竹阁、芝兰阁、碧莲阁四个不同的居住区域,并提供不同程度的生活照顾及护理服务。根据入住前的专业评估,社区向居民提供适当的入住选择建议,入住后,当居民健康状况发生变化,亦可轻松升级至相应的居住区。四个居住区也都在户型及配置上针对入住人群的特点、情况做出了相应的优化。规划布局上根据老人的健康状况分为持续照料社区与活力养老社区两部分,同时设立幼儿园等住区配套设施,以满足普通居民的生活需求。

　　除燕园外,泰康还完成了昆明、深圳、郑州、呼和浩特、宁波、三亚、福州、佛山、天津、温州、济南、重庆、青岛等 27 个城市的医养社区布局,全面覆盖东北、华北、华中、华东、华南和西南区域,目前已开业园区 13 家,分别为:赣园(南昌)(图 9.4)、燕园(北京)、楚园(武汉)、湘园(长沙)、申园(上海)、锦绣府(上海)、吴园(苏州)、大清谷(杭州)、鹭园(厦门)、蜀园(成都)、粤园(广州)、桂园(南宁)、沈园(沈阳)。

　　"爱晚工程"是由国家民政部中国社会工作协会牵头发起,旨在建设完善中国社会化养老服务体系的重大民生工程,主要实行居家服务、社区照顾、机构养老相结合的服务模式。其最终目标是打造成为市场化、全龄层、全配套、自循环的中国新型健康养老社区,如河北"爱晚大爱城"健康养老社区(图 9.5)。该养老社区除为入住的老人提供专业、贴心的服务外,还为所有社区居民提供个性化、定制化健康养老服务,实现社区养老全覆盖。

　　养老产业在我国属于新兴产业,国内的地产商进入养老行业时,大多依托企业原有的住区运营经验及养老配套服务或在商务休闲类产业中的积累,在实际运营中,由

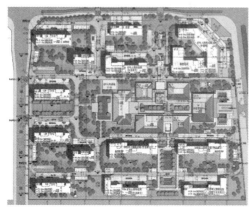

图 9.4　（南昌）泰康之家·赣园

图 9.5　河北"爱晚大爱城"健康养老社区

于养老产品的复杂性和多样性，即使是同一个企业，也不一定只选择一种模式，而是多方面尝试，找出最合适的经营模式。

　　现有机构的养老管理模式也不是唯一的方式，多以优化完善的养老服务配套文化休闲或打造高端文化休闲项目为主，经营上采用租赁与购买等多种具有弹性的方式，同时在用地功能与布局上，融入全龄化服务的内容，让住区具有更强的市场性和关注度。总之，我国现有的养老服务还处于探索发展阶段，相信未来随着养老产业的不断发展，国家政策的更加完善，养老服务必然更加成熟。

9.2　社区养老服务与配套设施规划

　　2014年，我国国土资源部（现改为自然资源部）下发《养老服务设施用地指导意见》，第三条明确规定："新建养老机构服务设施用地的，应根据城乡规划布局要求，统筹考虑，分期分阶段纳入国有建设用地供应计划。"直接对未来的养老地产开发产生利好影响。有保有压的政策引导、公益性和市场化的运作、城乡养老地产联动开发等，为社会养老服务产业的快速发展提供了有力的保障。

9.2.1　关于养老服务设施用地的选址与要求

1. 用地性质

养老服务设施用地指专门为老年人提供生活照料、康复护理、托管等服务的房屋和场地设施占用土地。老年酒店、宾馆、会所、商场、俱乐部等商业性设施占用土地，不属于养老服务设施用地。养老服务设施用地在办理供地手续和土地登记时，土地用途应确定为医卫慈善用地。我国《城市用地分类与规划建设用地标准》（GB 50137—2011）中没有"养老服务设施用地"名称，只在一级类"公共管理与公共服务设施用地"下有"医疗卫生用地"和"社会福利用地"二级类，属于 A 类用地。《养老服务设施用地指导意见》规定，规划为公共管理与公共服务设施用地中的医疗卫生用地，可布局和安排养老服务设施用地，其他用地只能配套建设养老服务用房并分摊相应的土地面积。国土资源部发布的《划拨土地目录》（国土资源部令第 9 号）规定，非营利性社会福利设施用地中包括老年人社会福利设施用地，与养老服务设施用地有关。2019 年 11 月 27 日发布的《自然资源部关于加强规划和用地保障支持养老服务发展的指导意见》（以下称"自然资源部《指导意见》"）明确指出，养老服务设施用地是指专门为老年人提供生活照料、康复护理、托管照护、医疗卫生等服务的房屋和场地设施所使用的土地，包括敬老院、老年养护院、养老院等机构养老服务设施的用地，养老服务中心、日间照料中心等社区养老服务设施的用地等。

2. 同地供应

根据自然资源部《指导意见》的要求，我国养老服务设施用地以出让与租赁两种方式供应。供应养老服务设施用地，应当依据详细规划，对照《土地利用现状分类》国家标准确定土地用途，根据法律法规和相关文件的规定确定土地使用权出让年期等。养老服务设施与其他功能建筑兼容使用同一宗土地的，根据主用途确定该宗地土地用途和土地使用权出让年期。对土地用途确定为社会福利用地，以出让方式供应的，出让年限不得超过 50 年；以租赁方式供应的，租赁年限不得超过 20 年。

（1）规范编制养老服务设施供地计划。市、县自然资源主管部门应当根据本地区养老服务需求，分阶段供应国土空间总体规划和详细规划确定的养老服务设施用地，并落实到年度建设用地供应计划，做到应保尽保。具备条件的地区，可在建设用地供应计划中明确拟供应养老服务设施用地的宗地位置、面积、用途等。涉及新增建设用地的，在土地利用年度计划中优先予以安排。

（2）明确用地规划和开发利用条件。敬老院、老年养护院、养老院等机构养老服务设施用地一般应单独成宗供应，用地规模原则上控制在 3 ha 以内。出让住宅用地涉及配建养老服务设施的，在土地出让公告和合同中应当明确配建、移交的养老服务设施的条件和要求。鼓励养老服务设施用地兼容建设医卫设施，用地规模原则上控制在 5 ha 以内，在土地出让时，可将项目配套建设医疗服务设施要求作为土地供应条件并明确不得分割转让。

（3）依法保障非营利性养老服务机构用地。市、县自然资源主管部门应结合养老服务设施用地规划布局和建设用地供应计划统筹安排，充分保障非营利性养老服务机构划拨用地需求。以划拨方式取得国有建设用地使用权的，非营利性养老服务机构可凭登记机关发给的社会服务机构登记证书和其他法定材料，向所在地的市、县自然资源主管部门提出建设用地规划许可申请，经有建设用地批准权的人民政府批准后，市、县自然资源主管部门同步核发建设用地规划许可证、国有土地划拨决定书。鼓励非营利性养老服务机构以租赁、出让等有偿使用方式取得国有建设用地使用权，支持政府以作价出资或者入股方式提供土地，与社会资本共同投资建设养老服务项目。

（4）以多种有偿使用方式供应养老服务设施用地。对单独成宗供应的营利性养老服务设施用地，应当以租赁、先租后让、出让方式供应，鼓励优先以租赁、先租后让方式供应。国有建设用地使用权出让（租赁）计划公布后，同一宗养老服务设施用地只有一个意向用地者的，市、县自然资源主管部门可按照协议方式出让（租赁）；有两个以上意向用地者的，应当采取招标、拍卖、挂牌方式出让（租赁）。

（5）合理确定养老服务设施用地供应价格。以出让方式供应的社会福利用地，出让底价可按不低于所在级别公共服务用地基准地价的70%确定；基准地价尚未覆盖的地区，出让底价不得低于当地土地取得、土地开发客观费用与相关税费之和。以租赁方式供应的社会福利用地，由当地人民政府制定最低租金标准，并在土地租赁合同中明确租金调整的时间间隔和调整方式。

3. 用地经营管理

可制订养老服务设施用地以出租或先租后让供应的鼓励政策和租金标准，明确相应的权利和义务，向社会公开后执行。新建养老服务机构项目用地涉及新增建设用地，符合土地利用总体规划和城乡规划的，应当在土地利用年度计划指标中予以优先安排。

土地使用权人申请改变存量土地用途用于建设养老服务设施，经审查符合详细规划的，市、县自然资源主管部门应依法依规办理土地用途改变手续。建成的养老服务设施由非营利性养老机构使用的，原划拨土地可继续划拨使用，原有偿使用的土地可不增收改变规划条件的地价款等；不符合划拨条件的，原划拨使用的土地，经市、县人民政府批准，依法办理有偿使用手续，补缴土地出让价款；原有偿使用的土地，土地使用权人可以与市、县自然资源主管部门签订国有建设用地有偿使用合同变更协议或重新签订合同，调整有偿使用价款。

鼓励利用商业、办公、工业、仓储存量房屋以及社区用房等举办养老机构，所使用存量房屋在符合详细规划且不改变用地主体的条件下，可在五年内实行继续按土地原用途和权利类型适用过渡期政策；过渡期满及涉及转让需办理改变用地主体手续的，新用地主体为非营利性的，原划拨土地可继续以划拨方式使用，新用地主体为营利性的，可以按新用途、新权利类型、市场价格，以协议方式办理，但有偿使用合同和划拨决定书以及法律法规等明确应当收回土地使用权的情形除外。

农村集体经济组织可依法使用本集体经济组织所有的建设用地自办或以建设用地使用权入股、联营等方式与其他单位和个人共同举办养老服务设施。符合国土空间规划和用途管制要求、依法取得的集体经营性建设用地,土地所有权人可以按照集体经营性建设用地的有关规定,依法通过出让、出租等方式交由养老服务机构用于养老服务设施建设,双方签订书面合同,约定土地使用的权利义务关系。鼓励盘活利用乡村闲置校舍、厂房等建设敬老院、老年活动中心等乡村养老服务设施。

4. 用地空间布局

养老服务设施用地内建设的老年公寓、宿舍等居住用房,可参照公共租赁住房套型建筑面积标准,限定在 40 m² 以内。

强化国土空间规划统筹协调作用,落实"多规合一",在编制市、县国土空间总体规划时,应当根据本地区人口结构、老龄化发展趋势,因地制宜提出养老服务设施用地的规模、标准和布局原则。对现状老龄人口占比较高和老龄化趋势较快的地区,应适当提高养老服务设施用地比例。各级自然资源主管部门在组织对国土空间总体规划进行审查时要严格把关,确保养老服务设施用地规模达标、布局合理。

编制详细规划时,应落实国土空间总体规划相关要求,充分考虑养老服务设施数量、结构和布局需求,对独立占地的养老服务设施要明确位置、指标等,对非独立占地的养老服务设施要明确内容、规模等要求,为项目建设提供审核依据。新建城区和新建居住(小)区要按照相应国家标准规范,配套建设养老服务设施,并与住宅同步规划、同步建设、同步验收。已建成城区养老服务设施不足的,应结合城市功能优化和有机更新等统筹规划,支持盘活利用存量资源改造为养老服务设施,保证老年人就近养老需求。

市、县自然资源主管部门要严格审查新建住宅项目的建设工程设计方案等,对不符合规划条件、养老服务设施规划设计标准和规范要求的,不予核发建设工程规划许可证,不予通过规划核实。

5. 用地服务和监管

单独成宗的养老服务设施用地应当整宗登记,不得分割登记。新建住宅小区配套养老服务设施竣工后办理首次登记的,配套养老服务设施依据有关规定或者约定正式移交后办理转移登记的,营利性养老机构以有偿取得的土地、设施等资产进行抵押、商业银行向产权明晰的民办养老机构发放资产(设施)抵押贷款办理不动产抵押登记的,整合闲置设施改造为养老服务设施需要办理不动产登记的,不动产登记机构应积极予以办理。

详细规划确定的养老服务设施用地,未经履行法定修改程序不得随意改变土地用途。养老服务机构因自身原因不再使用养老服务设施用地,属于划拨用地的,由市、县政府收回国有建设用地使用权,根据其取得成本、地上建筑物价格评估结果对原土地使用权人给予补偿;属于有偿方式用地的,可以整体转让继续用于养老服务,原土地有偿使用合同中约定的义务由受让人承担,或者由政府收回国有建设用地使用权并给予合理补偿。

市、县自然资源主管部门应当在国有建设用地使用权出让合同或划拨决定书中明确配建养老服务设施的面积、开发投资条件和开发建设周期,以及建成后交付、运营、管理、监管方式等。各级自然资源部门要积极参与跨部门养老服务综合监管制度建设,与相关部门建立养老服务设施规划和用地协同监管机制。养老服务机构用地情况应当纳入土地市场信用体系,实施守信激励、失信惩戒。

9.2.2　社区规划与老龄化关怀的探讨

老龄化关怀作为一个时代性的问题,除了社会专门的养老机构与服务设施,越来越多的居住区在空间环境、建筑设计与布局等方面也考虑到这个问题。因此,现代居住区规划设计并非仅在社区配套中进行老龄化设计,而是渗透到整个居住区空间规划设计中。

同时,营利性的养老机构和养老地产开发越来越多地得到社会的认可和接受,养老方式的选择也越来越多。美国佛罗里达州坦帕市太阳城中心退休社区,建设成专供健康老人集中居住的专用住宅,采用一种居家养老与社区服务相结合的模式。它与原来的敬老院、福利院不同,不是用来收养无经济来源的孤寡老人和低收入家庭送养的老人,不属于国家或集体办的社会福利设施,而是由社会投资兴办并按企业化经营理念管理的老年专用住宅,入住的老人可根据自己的经济条件与健康状况选择户型及服务项目。它是以销售地产为主要目标。

1. 从功能分区上考虑老龄化人群的需求

在居住区整体功能分区上,考虑将专属于老年人的居住和活动交往功能分离出来,既关怀和保护老年人独有的交往需求和生活习惯,又保留普通住区的基本布局和各类功能空间,满足老年人独处和养生的要求,也提供多样的交往空间形态,不至于让老年人感到隔离和孤独。

同时,针对老龄化社区建设的选址与周边配套也充分考虑老年人的出行能力与行为习惯。德国不来梅市 Contrescarpe 区 DKV 养老院,选址邻近不来梅老城的购物街,老人只要步行几分钟就可以实现购物需求。这栋位于 Contrescarpe 的 DKV 养老院的建筑均为六层高楼,总共有 138 个两房或者三房的套间,另外还有 29 个护理床位(图 9.6)。养老院大楼的正面是不来梅地区典型的医院类建筑外立面。为了方便住户的调养,养老院内还配置了医疗设施、服务区以及康复区。

2. 从环境布局与交通组织上考虑老龄化人群的需求

因为身体机能和年龄的影响,老年人在出行距离上和行动能力上都要重新界定。因此,老龄化社区不能完全按照一般住区的方式进行环境布局和交通组织。

首先,环境布局中配套的各类设施需要充分考虑老年人的使用要求。活动场地的配置要紧邻住宅周边,并充分配套无障碍设施,在空间要素的组织上,要尽量少用

图 9.6 不来梅 DKV 养老院建筑及外环境

或不用台阶、汀步、涉水、密植等元素。

其次，在交通组织上也应充分考虑老年人的视觉行为习惯和安全需求。住区内道路，尤其是居住街坊附属道路应考虑减少城市车辆的穿行，以提供相对安全完整的步行空间；住区内城市道路的规划设计应避免过于通、直、长的道路，转弯和急转弯过多的道路也不适宜。现代城市生活圈路网提倡绿色出行、体现以人为本、建设全龄化社区，因此，步行、公共交通和非机动车是居住区道路配置的核心。步行系统应采用无障碍设计，符合现行国家标准《无障碍设计规范》(GB 50763—2012)中的相关规定，并连通城市街道、室外活动场所、停车场所、各类建筑出入口和公共交通站点。步行系统宜设置扶手、休息座椅、风雨连廊等安全设施；道路铺装应充分考虑轮椅顺畅通行，选择坚实、牢固、防滑的材质；道路标识系统应当利于老年人识别和记忆。

3. 从建筑设计与户型组织上考虑老龄化人群的需求

老龄化住宅在建筑的内部空间组织上要体现老年人相对于年轻人不同的生活、学习需求。我国《养老服务设施用地指导意见》中对老年公寓、宿舍等建筑的面积要求限定在 40 m² 以内。随着养老产业的发展，养老模式与业态结构都在不断地变化，针对不同的养老形式，养老建筑设计也更加灵活多样。现有的养老社区中，除了基本的居住建筑，辅助生活、娱乐、休闲、学习的配套建筑也越来越多样化。综合现有养老地产及社区建设情况，养老社区配套建筑主要包括颐养及酒店服务类、医疗及康复保健类、休闲与活动类、文化及交往类、商业设施类建筑。

4. 从绿化组织与景观空间设计上考虑老龄化人群的需求

老龄化人群的日常活动大多集中在街坊空间内，很少延伸到 5 分钟生活圈以外的环境中。因此，对附属绿地和街坊组团中心绿地的组织与景观空间设计应充分考虑老年人的使用要求(图 9.7)。

9.2.3 养老服务与城市住区的普适性探讨

1. 国家对养老服务与土地控制逐渐放开

现阶段，国家对养老服务设施用地控制在完善住区配套设施用地的基础上进行

图 9.7　泰康之家·粤园绿化组织与景观空间设计

了相应的放宽调整,自然资源部也出台了养老用地政策,未来可以通过有保有压的政策引导、公益性和市场化的运作、城乡养老地产联动开发等模式,推动养老地产的健康发展。随着养老市场逐渐规范和成熟,多样而完善的养老服务将逐渐从传统住区环境中剥离出来,融入城市生活圈层甚至城乡多样化产业空间中。

北京已出台政策明确:由政府投资建设的养老机构和社会资本投资建设的非营利性养老机构,今后将由政府部门划拨土地,不需要缴纳土地出让金;而社会资本投资建设的营利性养老机构,应在限定地价、规定配套建设和提出管理要求的基础上,采用招拍挂等方式供地。2013 年,北京还按照"计划适度超前,有效引导预期"的原则,结合区县和相关部门提供的项目梳理,单列养老设施用地供地计划 100 hm^2,加大民生用地供应。2014 年 4 月 10 日,深圳挂牌出让的两幅养老设施用地,成为全国首例挂牌出让的养老设施用地。尽管此前被认为对房企吸引力不大,但现场竞价异常激烈。最终,两幅地块成交价格共为 6.28 亿元,相比出让底价 1.085 亿,溢价4.79倍。海南对符合《划拨用地目录》的非营利性养老服务设施用地,规定可以划拨方式供应,鼓励以有偿使用方式供应。对单独成宗供应的营利性养老服务设施用地,可采取出让、长期租赁、先租后让、租让结合等方式供应,鼓励优先以租赁、先租后让方式供应。

2. 养老不再仅仅局限于家庭模式,更多自由灵活的爱晚计划项目与老龄化社会平台产生

结合我国国情,国家鼓励居家养老与社区服务相结合,社区养老与社会服务相结合,医养结合机构养老。此外,我国还出现了抱团式养老、候鸟式养老等模式。

抱团式养老是一些文化水平相仿、性格相投、志同道合的老年人在一起共同租住、共同生活、共同娱乐,相互帮助、相互照顾、相互交流、相互学习,每个人承担一定的家务。抱团式养老凸显了老年人对集体互助养老方式的期望和对精神慰藉的需求,在一定程度上能解决空巢老人的心理问题。但老人之间的抱团生活必然产生一些因疾病、行动能力、经济问题等原因形成的冲突和矛盾,目前国家还没有出台相关管理规范和标准。

候鸟式养老是指根据气候条件或生活安排,在外地购房或租住,或入住相应的养老机构,定期入住,就如"候鸟",每年冬季"飞"往南方,夏天"飞"往北方。这种养老模式环境优美、气候舒适,具有愉悦身心、怡情养性、延年益寿的作用,但成本较高,对老人的经济能力要求高。

3. 全龄化社区与老龄化关怀社区同时并存,养老地产辅助社会服务养老

就目前我国的国情与养老服务产业发展现状而言,在未来一段时间里,居住区规划设计仍然是以传统生活圈建设为主,对养老配套要求会越来越高,因此,全龄化社区建设是老龄化关怀的重要部分。同时在国家土地政策和开发条件允许的情况下,独立完善的养老地产将得到快速的发展。

9.3 养老产业的适用性与规划要求

为贯彻落实《国务院办公厅关于推进养老服务发展的意见》(国办发〔2019〕5 号)的工作部署,围绕居家为基础、社区为依托、机构为补充、医养相结合的养老服务体系建设,合理规划养老服务设施空间布局,切实保障养老服务设施用地,促进养老服务发展,《自然资源部关于加强规划和用地保障支持养老服务发展的指导意见》在用地范围、土地用途和年期、供地计划、供地政策、鼓励和租赁供地、分类用地监管、鼓励盘活存量用地、利用集体建设用地等方面分别作出了规定,从土地政策上大力支持养老服务业的发展。

从人群结构分析,老龄化人群具有一定的社会地位、经济能力,以及丰富的人生阅历,因此在选择养老模式时就拥有了更多要求与考虑条件。在开发建设养老地产时,需要全面考虑老龄化人群的社会经历和经济文化水平。

莱州昶济
医养中心

9.3.1 养老产业中的建筑设计与规划要求

养老产业中,建筑除了满足其基本使用功能,还需要充分考虑到老龄化人口的精神、身体等各方面的需求。

1. 住宅建筑

养老住宅设计要充分考虑老年人的行动能力和居住需求,做到户型简洁、面积适宜、安全舒适、通风采光良好(图 9.8)。大多数老年人在自理空间上要尽量选择集约简洁的户型,面积不宜太大,房间分隔不宜太多。建筑面积以 40～80 m² 为宜,户型上首先考虑一居室。根据居住条件的不同,少量建筑可选择增加到 120 m² 或更大,以满足老年人的社会交往和室内活动需求。不同的养老地产在面对不同的养老人群时,也可以考虑 2 人以上老人家庭的居住需求,选择设计两居室的户型,面积甚至可以达到普通住宅建筑大户型的规格。但老龄化住宅在户型空间组织上必须满足通风顺畅、采光良好、交通组织简洁等功能要求,避免建筑内部出现长走廊、多隔断等。

2. 颐养及酒店服务类建筑

养老住区的颐养及酒店服务类建筑主要针对自助型养老人群,包括疗养酒店、度假别墅、住区配套住宿服务酒店等。建筑设计上除了满足一般酒店在通风、安全、交

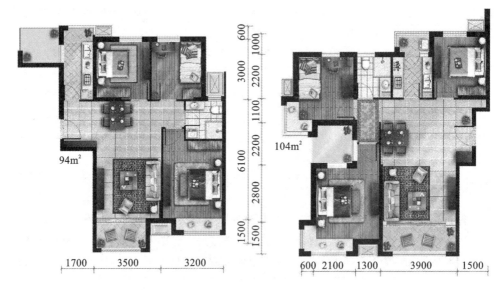

图 9.8　爱晚大爱城三居室户型平面

通等方面的要求,还需要考虑养老人群的日常需要。例如配套医疗服务、夜间临时照看服务等辅助服务,需要设置专门区域。快速逃生通道、门窗走廊设计等要充分考虑老人的行动能力和对空气环境的需求。

3. 医院及疗养院建筑

医院及疗养院建筑不同于普通的综合性医院,它对急救和抢救的设施与通道的空间设计和功能组织要求更高,以应对老年人突发疾病等状况。

4. 运动与休闲类建筑

运动与休闲类建筑在养老地产中能为不同年龄和健康状况的老年人提供多样、丰富的休闲场所,以实现他们对社会的参与性,满足他们日常交往和社会交流的需求。根据美国持续照料型退休社区(CCRC)所界定的养老人群,可以将老年人划分为自助型养老、辅助型养老、特殊型照护或全托型养老几类人群。自助型养老人群是偏年轻化的人群,身体健康,有自我照顾能力,他们对社会交往和运动的需求最高;辅助型养老人群身体还很健康,具有自我行动能力,但因为年龄偏大或有某类疾病,需要有良好的医疗监督,他们也有日常社会交往和运动需求;特殊型照护或全托型养老人群自我行动能力差,需要全方位跟踪和照料。

如何满足老年人不同的运动、健身、交流需求,同时又不形成安全隐患和相互干扰是养老住区建筑设计的重点,需要紧密结合不同的养老人群分类组织运动休闲空间。

5. 文化及交往学习类建筑

文化及交往学习类建筑为老年人提供了持续学习和交往的机会,让他们有更强的社会存在感和被需求意识。如老年大学、老年图书馆、老年文化馆等,既充分发挥老人的个人价值,也为他们提供交往空间。建筑设计中要结合老年人自主充电学习的方向进行功能考虑,结合老人的生活习惯与需求进行空间设计。

6. 商业类建筑

养老住区中的商业类建筑主要作为住区配套设施存在,因为老年人的行动能力有限,在建筑选址上要尽可能靠近居住建筑。另外,考虑到老年人几乎所有日常生活所需都会就近选择,商业类建筑的配套设施可以适当提高,招商类型可以更加丰富多样。

9.3.2 养老住区绿化景观环境设计要求

在人口老龄化趋势日益明显的当下,从建筑到室内,室外适老化设施变得越来越重要,景观环境作为其中的重要一环,不仅能提供适宜老年人的户外空间,同时也能提升老年人的幸福感。现在的园艺疗法、康复景观无一不在证明良好的景观设计,不仅可以改善环境,更重要的是可对生命的拓展起重要作用。

老龄化社区,对建筑外部的环境、空间布局、细微之处都要进行精心设计,对老人的康复训练和精神世界关照也需要重点设计。日本比中国早进入老龄化社会,在适老化景观设计方面已经取得了很宝贵的成果,在人性化的细节设计和精神方面的营造都居世界前列,所营造的空间处处体现出对老人身心特点的细腻关照,以及对文化认同的强化等。

1. 养老住区绿化景观布置的位置与建筑的关系选择

首先,因为绿化环境的要素、色彩、空间质感能有效增加个人身心的愉悦,养老住区的绿化环境在进行规划设计时应尽量渗入老人的活动空间,甚至与室内空间有效衔接。如通过落地玻璃窗将风景引入室内,让不便去室外的老人也能享受自然美景。

其次,老人受身体健康状况约束,对通风、透光的环境要求较高,忌潮湿阴冷,因此,养老住区的绿化景观应注意门窗与通风口等的距离,要远离建筑阴湿的部分,以免滋生苔藓、细菌等,同时注意建筑周边的防水与排水处理,营造干爽清透的环境。

2. 养老住区户外活动空间的设计

养老住区户外活动空间应着力营造不同程度的交往互动空间。老龄化人口不再或很少参加社会生产、生活,他们内心的社会存在感和被需求感逐渐减少,但许多老龄化人口仍然保留着一定的激情和创造力,对参与社会活动满怀期待。因此,养老住区户外活动空间设计中需要考虑老年人的交往需求和对社会的关注热情。集中和开放的养老活动空间可以为老年人创造出户外交往环境。另外,老年人因为逐渐远离社会和人群聚集中心,随着时间的推移,会逐渐产生孤独、自闭的心理。养老住区的公共活动空间设计也要考虑老人的孤独、退缩心理,可通过营造较小空间的交流区域,打造出具有安全感,同时又提供倾诉与交往环境的户外空间(图 9.9)。

3. 养老住区户外活动设施设计

老龄化人口因为闲暇时间增多,对健康养生等方面更加关注,对户外活动与健身

图 9.9 养老住区户外交往空间

运动也更加重视。因此,养老住区的户外活动设施要相应增加。在配置活动设施时要考虑老年人的行动能力与自主能力,做到安全稳固与休闲放松相结合。

应针对老年人日常的运动量、运动速度、运动方式进行户外活动设施布置。老年人是一个特殊的社会群体,他们在身体、精神、心理、感知等方面与青壮年时期相比都发生了重大变化。老年人运动能力下降,身体机能衰退,心理上会普遍留恋过去,需要时间来适应新事物,而对事物的感官能力也产生了变化,对温度的感知能力衰退,视觉和听觉衰退表现得尤为显著。因为退出了社会主体的生产、生活,老年人独自在家的时间增长,内心的孤独感更需要通过户外活动等进行排解。

(1)布置户外活动设施时要融入自然要素,给老年人以安全感。还要充分考虑各类意外发生的可能性,提前采取必要的设计措施,以降低老年人户外活动中发生事故的概率。设施的材质、形状、尺寸等都要针对老年人的身体条件来考虑安全性。

(2)针对老年人的孤独感以及主动远离人群和新事物的变化,可通过适老化、无障碍设计,为老年人的独立生活提供支持,减少他们对子女及社会照顾的依赖,提高独立生活的质量,并保持自由的生活状态。

(3)设施与活动场地选择开阔通透的空间形态,一方面有利于在周围形成关照空间,另一方面,也是对老年人内心的一种呵护,增强他们对场地的控制感。既可享受阳光又可遮阴纳凉;既有开阔视角又有方寸景观;固定式和移动式座椅兼备;道路系统四通八达,从而巧妙地增强老年人对于场地的整体控制能力(图 9.10)。

图 9.10 养老住区户外设施、道路与环境

(4)环境空间要具有引导性,引导老年人进入积极的精神状态和健康的运动锻

炼生活。户外应通过自然采光和自然的声音,让老年人亲近自然,感受自然给予的积极影响。也可以设计供老年人锻炼的步道(如老年健步道)等日常运动空间,或者通过设置适合老年人的集体运动场或互动性运动场地增加社区交往(图 9.11)。

图 9.11　广州泰康之家·粤园空间环境鸟瞰

9.3.3　养老住区的康养探索

“健康”和“幸福”是衡量老年人生活品质的标准,在老龄化社会驱动和生产力水平不断提升的背景下,养老住区的康养关怀越来越被人们所重视。

1. 自然元素带来康体环境

自然元素——植物、阳光、水体、动物、花草的香味可以缓解压力、降低血压,给人们带来幸福感。通过建立康体花园,为老人提供一个绿色健康的住区环境。同时,绿色植物具有视觉、听觉、嗅觉、触觉、味觉等各种审美感应,可以锻炼老人的感官能力,有利于缓解压力、安抚情绪、恢复精神和复建心灵,对延缓衰老起到重要的作用。具有整体性的自然环境同样也会在年轻人感到孤独和脆弱的时候给予回应,它可以使人体能量恢复到自然平衡的状态,在全龄化社区也同样适用。环境设计可以结合感官审美的需求,设置五感审美环境,如营造视距空间,设置植物组团景观,欣赏植物季相、形态、色彩的美(图 9.12);或者通过植物与水环境结合,营造自然生态环境(图 9.13)。

2. 运动健身有助于老年人维持身体活力

通过运动项目和场地的设置,鼓励老年人积极健身,活力运动,增加社会交往。老年人的运动健身区,需要增加休息座椅的出现频率;老年人运动机能下降,要避免直接进入快速剧烈的运动,需要通过热身等活动循序渐进地进入运动状态。场地中可分类设置健康慢跑道、具有按摩功能的卵石步道以及具有复合型功能的运动场、锻

图 9.12 植物组团与产地设计结合，营造轻松的活动空间

图 9.13 植物与水环境结合形成自然生态环境

炼思维和灵活力的小设施等(图 9.14)。

图 9.14 养老社区的户外配置

3. 积极健康的交流维系老年人乐观向上的精神力

养老住区整体空间规划设计应考虑引导老年人积极交流,打开心扉,从而获取积极向上的生活热情。老年人的日常出行距离已经逐渐缩小到城市街坊的空间范围,少有能超出 300 米生活圈的,加上身体机能的衰退,他们对于建筑附属空间的休闲、交流场地使用频率更高。可以借附属绿地中的活动空间,多设置小型休憩场所,如增加桌椅等休憩设施,布置植物搭配的廊架座椅、亭阁的园林建筑,促进老人进行交往与休憩放松。除此以外,参与性也是维系老年人积极向上的精神动力,住区中的瓜果种植、主题场景空间等,也能得到老年人的青睐。

4. 文化关怀的项目延续老年人的心理健康

适当的人文关怀一方面有助于延续老年人的社会活动和文化情节,另一方面也为老年人的晚年提供精神上的寄托。老年社区尤其是高端养老社区,对文化的表现和需求更加明显,显然,老年人在社会经验和文化认知上也有了更高的水平,加上空闲时间较多,他们对艺术、文化的追求更高,需求更大。每位老人都有属于自己的情怀和心灵归属地。营造具有地域特色的,与生活、历史、文化及环境相结合的,能够传承文脉精神的景观,能使老人产生心灵的共鸣,从而产生归家的亲切感。

养老住区适当的文化主题性空间,既提高了居住区的品质,也是延续老年人心理健康的重要因素,主要包括以下各项内容。

(1)展示性空间和展示作品,如盆景或树雕、艺术种植、工艺品、雕塑或装置展示品等。

(2)艺术创作和赏析空间。艺术可以陶冶人的情操,让人身心愉悦。在艺术创作和艺术赏析的活动中,老人的创造力和想象力能够得到充分发挥。住区中的曲艺角、书法角、读报栏等各种文化交流空间大大丰富了老年人的日常生活,在精神上起到抚慰和疏导作用。

(3)学院式空间。越来越多的老龄化产业以老年大学或教育类机构为主体开展养老活动,教育类场地为老人提供发挥余热和充电的交流空间,让他们在闲暇的时间里继续学习或完成梦想。

(4)亲情关怀也是文化关怀的一部分,老人渴望享有天伦之乐。住区内设置儿童活动空间和场地,结合老人活动空间,既满足住区多样化人群的活动需要,也为老人与孩子提供亲近自然的机会,并且有利于老龄化人口的身心健康。此外,对养老住所进行记录和标识设计,如在入户处设置老人熟悉的名称或图片,帮助老人识别自己的家,从而增加他们对家的归属感。

5. 其他有利于老龄化人口身心健康的设施

老年人不仅对环境的风、光、水的感知处于逐渐衰退的状态,他们身体上对环境中这些要素的承受力也在削弱。老龄化社区更适宜营造静谧、温暖、干爽的环境氛围。环境设施的照明系统配置中性偏暖色调的光有利于让老人产生舒适感,内敛而围合的空间形态有利于营造静谧的空间,小而浅的环境装饰性水景更能提供安全感和舒适感。

就目前的老龄化形势来看,养老产业绝对算一个朝阳产业,提供养老服务的各类社区或机构的发展也越来越受到人们的关注。随着老龄化人口比例逐渐上升,人群需求及其特性也会发生变化。养老关怀是延续老龄化人群身心健康的根本,从建筑布局、建筑空间设计、整体场地规划设计等方面来看,养老住区的空间场所建设还未形成完整独立的规范体制;从社区角度来看,养老产业毕竟不同于住区养老配套,高端齐全的养老配套服务仍然属于商务休闲类场地。未来全龄化社区的推行,复合开放街区的建立,将对社区养老配套及综合性社区的形式起到一定的推动作用。

加快养老事业发展，发扬中华民族传统美德

关爱老人既是中华民族的传统美德，也是人类进步科学发展的前提，关爱老人并不单单是一个家庭、一个孩子的事，而是需要一个社会、一个国家共同努力！每一个民族、每一种文化，都有它的生命力，都有它独到的魅力，但是中华民族，以深挚的情感，凝聚起全中国十四亿人口，以及海外的广大同胞、侨胞，与尊老敬老爱老的传统美德是分不开的。

党的二十大报告指出，十年来"我们深入贯彻以人民为中心的发展思想，在幼有所育、学有所教、劳有所得、病有所医、老有所养、住有所居、弱有所扶上持续用力，人民生活全方位改善"。随着经济社会的发展，人口老龄化已成为一个全球性的问题。截至 2022 年底，我国 60 岁以上老年人口已达 28004 万人，占总人口的 19.8%，其中 65 岁以上人口 20978 万人，占总人口的 14.9%。人口老龄化是社会进步的表现，也是社会经济发达的结果，但是我国人口老龄化超前于经济社会发展，具有"未富先老"的特征，这对经济发展、劳动力供给、社会稳定等都将带来巨大挑战，必然成为我国未来相当长一段时间内必须面对和解决的重大问题。

养老问题既是民生问题，也是发展问题，关系到我国社会和谐稳定的大局。从老年人自身来看，发展养老事业是改善民生的需要。目前我国老年人受到各方面的条件制约，吃穿住行都存在不同程度的困难，满足老年人的需求，实现老有所养不仅是十分重大的民生问题，更将是社会文明进步的重要标志。从家庭来看，发展养老事业是促进社会和谐稳定的需要。由于我国自 20 世纪 80 年代以来实行了特殊的计划生育政策，使"四二一"结构式的家庭日益增多，独生子女普遍面临巨大的赡养压力，家庭物质和精神压力之大难以想象，也难以承受。传统的家庭养老模式已难以维持。大力发展养老事业可以减轻家庭压力负担，促进家庭和睦以至社会和谐稳定。从经济社会发展看，发展养老事业是加快转变发展方式的需要。养老事业是集生产、经营、服务于一体的综合性产业，也是极具经济价值和开发潜力的"朝阳产业"。发展得好可起到扩大就业、拉动消费、发展新兴产业等方面的积极作用。因此大力发展养老事业对老年人个人、家庭、社会具有多方面的积极意义和作用。

近些年来，国家有关部门不断出台各种关于养老事业的政策、文件，全社会都在践行养老事业，目的就是加快我国养老事业的发展，通过不断创新和研究，探索一套适合于中国传统文化的"救助型""福利型""市场型"多维养老机构模式，根据老年人的年龄、经济及身体状况，要突出重点人群，建立分阶段、分层次、分级别的养老服务体系。

关爱老人，尊重老人的思维方式和自主选择，提供更多的便利使老人感受到关爱，为老人创造更好的颐养天年的环境，创造条件使他们树立自己新的社会价值自信和家庭价值自信，是我们需要继承和发扬的最重要的社会美德。

复习思考题

1. 我国老龄化社会的特点有哪些？简要总结我国养老产业的现状。
2. 养老服务设施用地的选址有哪些基本要求？
3. 如何进行养老社区的配套设施规划？
4. 养老社区在规划、建筑、环境等方面有哪些需求？
5. 调查收集一个详细的养老社区规划典型案例，并加以综合分析。

附录 A

15 分钟生活圈居住区、10 分钟生活圈居住区配套设施规划建设控制要求

类别	设施名称	单项规模		服务内容	设置要求
		建筑面积/m²	用地面积/m²		
公共管理与公共服务设施	初中*	—	—	满足 12～18 周岁青少年入学要求	(1) 选址应避开城市干道交叉口等交通繁忙路段； (2) 服务半径不宜大于 1000 m； (3) 学校规模应根据适龄青少年人口确定，且不宜超过 36 班； (4) 鼓励教学区和运动场地相对独立设置，并向社会错时开放运动场地
	小学*	—	—	满足 6～12 周岁儿童入学要求	(1) 选址应避开城市干道交叉口等交通繁忙路段； (2) 服务半径不宜大于 500 m；学生上下学穿越城市道路时，应有相应安全措施； (3) 学校规模应根据适龄儿童人口确定，且不宜超过 36 班； (4) 应设不低于 200 m 环形跑道和 60 m 直跑道的运动场，并配置符合标准的球类场地； (5) 鼓励教学区和运动场地相对独立设置，并向社会错时开放运动场地

续表

类别	设施名称	单项规模		服务内容	设置要求
		建筑面积/m²	用地面积/m²		
	体育场（馆）或全民健身中心	2000~5000	1200~15000	具备多种健身设施，专用于开展体育活动的综合体育场（馆）或健身馆	(1) 服务半径不宜大于 1000 m； (2) 体育场应设置 60~100 m 直跑道和环形跑道； (3) 全民健身中心应具备大空间球类活动、乒乓球、体能训练和体质检测等用房
	大型多功能运动场地	—	3150~5620	多功能运动场地或同等规模的球类场地	(1) 宜结合公共绿地等公共活动空间统筹布局； (2) 服务半径不宜大于 1000 m； (3) 宜集中设置篮球、排球、7人足球场地
	中型多功能运动场地	—	1310~2460		(1) 宜结合公共绿地等公共活动空间统筹布局； (2) 服务半径不宜大于 500 m； (3) 宜集中设置篮球、排球、5人足球场地
公共管理与公共服务设施	卫生服务中心*（社区医院）	1700~2000	1420~2860	预防、医疗、保健、康复、健康教育、计生等	(1) 一般结合街道办事处所辖区域进行设置，且不宜与菜市场、学校、幼儿园、公共娱乐场所、消防站、垃圾转运站等设施毗邻； (2) 服务半径不宜大于 1000 m； (3) 建筑面积不得低于 1700 m²
	门诊部	—	—	—	(1) 宜设置于辖区内位置适中、交通方便的地段； (2) 服务半径不宜大于 1000 m
	养老院*	7000~17500	3500~22000	对自理、介助和介护老年人给予生活起居、餐饮服务、医疗保健、文化娱乐等综合服务	(1) 宜邻近社区卫生服务中心、幼儿园、小学以及公共服务中心； (2) 一般规模宜为 200~500 床

续表

类别	设施名称	单项规模		服务内容	设置要求
		建筑面积/m²	用地面积/m²		
	老年养护院*	3500~17500	1750~22000	对介助和介护老年人给予生活护理、餐饮服务、医疗保健、康复娱乐、心理疏导、临终关怀等服务	(1) 宜邻近社区卫生服务中心、幼儿园、小学以及公共服务中心；(2) 一般中型规模为100~500床
	文化活动中心*(含青少年活动中心、老年活动中心)	3000~6000	3000~12000	开展图书阅览、科普知识宣传与教育、影视厅、舞厅、游艺厅、球类、棋类、科技与艺术等活动；宜包括儿童之家服务功能	(1) 宜结合或靠近绿地设置；(2) 服务半径不宜大于1000 m
公共管理与公共服务设施	社区服务中心(街道级)	700~1500	600~1200	—	(1) 一般结合街道办事处所辖区域设置；(2) 服务半径不宜大于1000 m；(3) 建筑面积不应低于700 m²
	街道办事处	1000~2000	800~1500	—	(1) 一般结合所辖区域设置；(2) 服务半径不宜大于1000 m
	司法所	80~240	—	法律事务援助、人民调解、服务保释、监外执行人员的社区矫正等	(1) 一般结合街道所辖区域设置；(2) 宜与街道办事处或其他行政管理单位结合建设，应设置单独出入口
	派出所	1000~1600	1000~2000	—	(1) 宜设置于辖区位置适中、交通方便的地段；(2) 宜2.5万~5万人宜设置一处；(3) 服务半径不宜大于800 m

续表

类别	设施名称	单项规模 建筑面积/m²	单项规模 用地面积/m²	服务内容	设置要求
商业服务业设施	商场	1500~3000	—	—	(1)应集中布局在居住区相对居中的位置;(2)服务半径不宜大于500 m
	菜市场或生鲜超市	750~1500 或 2000~2500	—	—	(1)服务半径不宜大于500 m;(2)应设置机动车、非机动车停车场
	健身房	600~2000	—	—	服务半径不宜大于1000 m
	银行营业网点	—	—	—	宜与商业服务设施结合或邻近设置
	电信营业场所	—	—	—	根据专业规划设置
	邮政营业场所	—	—	包括邮政局、邮政支局等邮政设施以及其他快递营业设施	(1)宜与商业服务设施结合或邻近设置;(2)服务半径不宜大于1000 m
市政公用设施	开闭所*	200~300	500	—	(1)0.6万~1.0万套住宅设置1所;(2)用地面积不应小于500 m²
	燃料供应站*	—	—	—	根据专业规划设置
	燃气调压站*	50	100~200	—	按每个中低压调压站负荷半径500 m设置;无管道燃气地区不设置
	供热站或热交换站*	—	—	—	根据专业规划设置
	通信机房*	—	—	—	根据专业规划设置
	有线电视基站*	—	—	—	根据专业规划设置

续表

类别	设施名称	单项规模		服务内容	设置要求
		建筑面积/m²	用地面积/m²		
市政公用设施	垃圾转运站*	—		—	根据专业规划设置
	消防站*	—		—	根据专业规划设置
	市政燃气服务网点和应急抢修站*	—		—	根据专业规划设置
	轨道交通站点*	—		—	服务半径不宜大于 800 m
	公交首末站*	—		—	根据专业规划设置
	公交车站	—		—	服务半径不宜大于 500 m
交通场站	非机动车停车场(库)	—		—	(1) 宜就近设置在非机动车(含共享单车)与公共交通换乘接驳地区； (2) 宜设置在轨道交通站点周边非机动车程 15 min 范围内的居住街坊出入口处,停车面积不应小于 30 m²
	机动车停车场(库)	—		—	根据所在地城市规划有关规定配置

注:(1)加*的配套设施,其建筑面积与用地面积规模应满足国家相关规划及标准规范的规定；
(2)小学和初中可合并设置九年一贯制学校,初中和高中可合并设置完全中学；
(3)承担应急避难功能的配套设施,应满足国家有关应急避难场所的规定。

附录 B

5 分钟生活圈居住区配套设施规划建设控制要求

设施名称	单项规模		服务内容	设置要求
	建筑面积/m²	用地面积/m²		
社区服务站	600～1000	500～800	社区服务站含社区服务大厅、警务室、社区居委会办公室、居民活动用房、活动室、阅览室、残疾人康复室等	(1) 服务半径不宜大于 300 m； (2) 建筑面积不得低于 600 m²
社区食堂	—	—	为社区居民尤其是老年人提供助餐服务	宜结合社区服务站、文化活动站等设置
文化活动站	250～1200	—	书报阅览、书画、文娱、健身、音乐欣赏、茶座等，可供青少年和老年人活动的场所	(1) 宜结合或靠近公共绿地设置； (2) 服务半径不宜大于 500 m
小型多功能运动（球类）场地	—	770～1310	小型多功能运动场地或同等规模的球类场地	(1) 服务半径不宜大于 300 m； (2) 用地面积不宜小于 800 m²； (3) 宜配置半场篮球场 1 个、门球场地 1 个、乒乓球场地 2 个； (4) 门球活动场地应提供休憩服务和安全防护措施

续表

设施名称	单项规模		服务内容	设置要求
	建筑面积/m²	用地面积/m²		
室外综合健身场地（含老年户外活动场地）	—	150～750	健身场所，含广场舞场地	(1) 服务半径不宜大于 300 m； (2) 用地面积不宜小于 150 m²； (3) 老年人户外活动场地应设置休憩设施，附近宜设置公共厕所； (4) 广场舞等活动场地的设置应避免噪声扰民
幼儿园*	3150～4550	5240～7580	保教 3～6 周岁的学龄前儿童	(1) 应设于阳光充足，接近公共绿地，便于家长接送的地段；其生活用房应满足冬至日底层满窗日照不少于 3 h 的日照标准；宜设置于可遮挡冬季寒风的建筑物背风面； (2) 服务半径不宜大于 300 m； (3) 幼儿园规模应根据适龄儿童人口确定，办园规模不宜超过 12 班，每班座位数宜为 20～35 座；建筑层数不宜超过 3 层； (4) 活动场地应有不少于 1/2 的活动面积在标准的建筑日照阴影线之外
托儿所	—	—	服务 0～3 周岁的婴幼儿	(1) 应设于阳光充足，便于家长接送的地段；其生活用房应满足冬至日底层满窗日照不少于 3 h 的日照标准；宜设置可遮挡冬季寒风的建筑物背风面； (2) 服务半径不宜大于 300 m； (3) 托儿所规模宜根据适龄儿童人口确定； (4) 活动场地应有不少于 1/2 的活动面积在标准的建筑日照阴影线之外

续表

设施名称	单项规模 建筑面积/m²	单项规模 用地面积/m²	服务内容	设置要求
老年人日间照料中心*(托老所)	350~750	—	老年人日托服务,包括餐饮、文娱、健身、医疗保健等	服务半径不宜大于300 m
社区卫生服务站*	120~270	—	预防、医疗、计生等服务	(1)在人口较多、服务半径较大,社区卫生服务中心难以覆盖的社区,宜设置社区卫生站加以补充;(2)服务半径不宜大于300 m;(3)建筑面积不得低于120 m²;(4)社区卫生服务站应安排在建筑首层并应有专用出入口
小超市	—	—	居民日常生活用品销售	服务半径不宜大于300 m
再生资源回收点*	—	6~10	居民可再生物资回收	(1)1000~3000人设置1处;(2)用地面积不宜小于6 m²,其选址应满足卫生、防疫及居住环境等要求
生活垃圾收集站*	—	120~200	居民生活垃圾收集	(1)居住人口规模大于5000人的居住区及规模较大的商业综合体可单独设置生活垃圾收集站;(2)采用人力或机动车收集的,服务半径宜为400 m,最大不宜超过1 km;采用小型机动车收集的,服务半径不宜超过2 km
公共厕所*	30~80	—	—	(1)宜设置于人流集中处;(2)宜结合配套设施及室外综合健身场地(含老年户外活动场地)设置

续表

设施名称	单项规模		服务内容	设置要求
	建筑面积/m²	用地面积/m²		
非机动车停车场（库）	—	—	—	（1）宜就近设置在自行车（含共享单车）与公共交通换乘接驳地区； （2）宜设置在轨道交通站点周边及居住街坊出入口处，停车面积不应小于30 m²，非机动车车程15 min范围内的居
机动车停车场（库）	—	—	—	根据所在地城市规划有关规定配置

注：（1）加＊的配套设施，其建筑面积与用地面积规模应满足国家相关规划及标准规范的规定；

（2）承担应急避难功能的配套设施，应满足国家有关应急避难场所难场所的规定。

附录 C

居住街坊配套设施规划建设控制要求

设施名称	单项规模		服务内容	设置要求
	建筑面积/m²	用地面积/m²		
物业管理与服务	—	—	物业管理服务	宜按照不低于物业总建筑面积的2‰配置物业管理用房
儿童、老年人活动场地	—	170~450	儿童活动及老年人休憩设施	(1) 宜结合集中绿地设置，并宜设置休憩设施； (2) 用地面积不应小于170 m²
室外健身器械	—	—	器械健身和其他简单运动设施	(1) 宜结合绿地设置； (2) 宜在居住街坊范围内设置
便利店	50~100	—	居民日常生活用品销售	1000~3000人设置1处
邮件和快件送达设施	—	—	智能快件箱、智能信包箱等可接收邮件和快件的设施或场所	应结合物业管理设施或在居住街坊内设置
生活垃圾收集点*	—	—	居民生活垃圾投放	(1) 服务半径不应大于70 m，生活垃圾收集点应采用分类收集，宜采用密闭方式； (2) 生活垃圾收集点可采用放置垃圾容器或建造垃圾容器间方式； (3) 采用混合收集垃圾容器间时，建筑面积不宜小于5 m²； (4) 采用分类收集垃圾容器间时，建筑面积不宜小于10 m²

续表

设施名称	单项规模		服务内容	设置要求
	建筑面积/m²	用地面积/m²		
非机动车停车场(库)	—	—	—	宜设置于居住街坊出入口附近,并按照每套住宅 1~2 辆配置;停车场面积按照 0.8~1.2 m²/辆配置;电动自行车较多的城市,停车面积按照 1.5~1.8 m²/辆配置;新建居住街坊宜集中设置电动自行车停车场,并宜配置充电控制设施
机动车停车场(库)	—	—	—	根据所在地城市规划有关规定配置;服务半径不宜大于 150 m

注:加 * 的配套设施,其建筑面积与用地面积规模应满足国家相关规划及标准规范规定。

参 考 文 献

[1] 宋镇豪.中国古代"集中市制"及有关方面的考察[J].文物,1990(1):39-46.

[2] 毕硕本,裴安平,闾国年.基于空间分析方法的姜寨史前聚落考古研究[J].考古与文物,2008(1):9-17.

[3] Crusader.沙田价值的空间回望[EB/OL].[2012-11-26].https://www.douban.com/note/249204520/.

[4] 罗杨.中国地坑窑院之乡——河南陕县[M].郑州:大象出版社,2009.

[5] 荆其敏,张丽安.中外传统民居[M].天津:百花文艺出版社,2004.

[6] 仇银豪,周蝉跃.覆土建筑的景观特征[J].华中建筑,2010,28(2):26-28.

[7] 中华人民共和国住房和城乡建设部,国家市场监督管理总局.城市居住区规划设计标准:GB 50180—2018[S].北京:中国建筑工业出版社,2018.

[8] 邢日瀚.住区规划·牛皮书01(综合社区规划)[M].天津:天津大学出版社,2009.

[9] 邢日瀚.住区规划·牛皮书02(高层社区规划)[M].天津:天津大学出版社,2009.

[10] 邢日瀚.住区规划·牛皮书03(小高层社区规划)[M].天津:天津大学出版社,2009.

[11] 邢日瀚.住区规划·牛皮书04(多层社区规划)[M].天津:天津大学出版社,2009.

[12] 邢日瀚.住区规划·牛皮书05(联排及别墅社区)[M].天津:天津大学出版社,2009.

[13] 丁梦姣.居住区地下空间的开发与利用[D].郑州:郑州大学,2015.

[14] 万仁德.转型期城市社区功能变迁与社区制度创新[J].华中师范大学学报(人文社会科学版),2002,41(5):33-36.

[15] 祁红卫,陈立道.城市居住区地下空间开发利用探讨[J].上海建设科技,2000(2):39-40.

[16] 童林旭,祝文君.城市地下空间资源评估与开发利用规划[M].北京:中国建筑工业出版社,2009.

[17] 范剑才,钱晔.居住区地下空间功能配置研究[J].住宅科技,2015(8):9-12.

[18] 王建国.城市设计[M].北京:中国建筑工业出版社,2009.

[19] 赵亮,娄淑娟.居住区地下空间开发利用的探讨[J].工业建筑,2007(S1):55-58.

［20］ 骆中钊,方朝晖,杨锦河,等.新型城镇住宅小区规划［M］.北京:化学工业出版社,2017.

［21］ 智研咨询集团.2017—2022年中国养老产业行业发展趋势及投资战略研究报告［R/OL］.http://www.chyxx.com/rlsearch/201612/473223.html.

［22］ 姚庆.我国古代里坊制度发展演变考述［J］.吉林广播电视大学学报,2014(2):17-18.

［23］ 周典,徐怡珊.老龄化社会城市社区居住空间的规划与指标控制［J］.建筑学报,2014(5):56-59.

［24］ 中国市场调研在线.2019—2023年中国养老地产行业深度调研及投资前景预测报告［R/OL］.http://www.cninfo360.com/yjbg/qthy/qt/20181110/851275.html.

［25］ 周琦,徐苗.覆土建筑的实践——南京香榭岛低密度住宅区生态会所设计［J］.新建筑,2005(6):29-32.

［26］ 肖作鹏,柴彦威,张艳.国内外生活圈规划研究与规划实践进展述评［J］.规划师,2014(10):89-95.

［27］ 彭彧,黄伟晶.城市居住区景观设计［M］.北京:化学工业出版社,2015.

［28］ 美国城市土地协会.社区参与:开发商指南［M］.马鸿杰,张育南,陈卓奇,译.北京:中国建筑工业出版社,2004.

［29］ 程蓉.15分钟社会生活圈的空间治理对策［J］.规划师,2018(5):115-121.

［30］ 刘静.豫西窑洞民居研究［D］.长沙:湖南大学,2008.

［31］ DUFFAUT P. Caverns,from neutrino research to underground city planning［J］.Urban Planning International,2007,22(6):41-46.